普通高等学校"十四五"系列教材

电工技术基础实验指导书

张海涛　罗　珊◎主　编

秦　霞　陈静静　杨　元　徐才华　李健科◎副主编

中国铁道出版社有限公司

CHINA RAILWAY PUBLISHING HOUSE CO., LTD.

内 容 简 介

本书内容分为4章,包括电工技术实验的一般规则、测量误差和数据处理、安全用电、电工技术基础实验,并在附录中给出了电工实验中常用仪器设备的使用方法。

本书注重基础性、实践性,特别强调了学生从理论向实践的过渡衔接,还穿插了"科学苑"的内容,用于学生社会主义核心价值观和情感态度的培养。

本书适合作为普通高等学校机械类、近机类等非电专业电工技术基础实验教学的配套实验指导书。

图书在版编目(CIP)数据

电工技术基础实验指导书/张海涛,罗珊主编. —北京:
中国铁道出版社有限公司,2022.12
普通高等学校"十四五"系列教材
ISBN 978-7-113-29460-1

Ⅰ.①电… Ⅱ.①张… ②罗… Ⅲ.①电工技术-实验-高等学校-教学参考资料 Ⅳ.①TM-33

中国版本图书馆 CIP 数据核字(2022)第 131172 号

书　　名:**电工技术基础实验指导书**
作　　者:张海涛　罗　珊

策　　划:钱　鹏　　　　　　　　　编辑部电话:(010) 63551926
责任编辑:曾露平　绳　超
封面设计:郑春鹏
责任校对:安海燕
责任印制:樊启鹏

出版发行:中国铁道出版社有限公司(100054,北京市西城区右安门西街8号)
网　　址:http://www.tdpress.com/51eds/
印　　刷:北京联兴盛业印刷股份有限公司
版　　次:2022 年 12 月第 1 版　2022 年 12 月第 1 次印刷
开　　本:787 mm×1 092 mm 1/16　印张:6　字数:156 千
书　　号:ISBN 978-7-113-29460-1
定　　价:29.80 元

版权所有　侵权必究

凡购买铁道版图书,如有印制质量问题,请与本社教材图书营销部联系调换。电话:(010)63550836
打击盗版举报电话:(010)63549461

前　言

　　本书根据新工科教育改革先进理念,强调基础性与先进性结合、理论性与实践性结合,帮助学生从电工技术基础的理论过渡到电工技术实践,顺利开展电工技术基础教学大纲要求的实验内容,掌握电工技术实践的基本概念、基本知识、基本技能,为适应未来岗位对学生实践能力的需求奠定基础。

　　本书特点如下:

　　(1)适合专业对象广泛,包括机械类、近机类等非电专业学生。

　　(2)在相关实验位置预留了合适的空白,学生可直接在书上完成实验报告,本书采用活页形式装订,学生可直接提交实验报告。

　　(3)每个实验包含了学生预习需要完成的工作,包括理论复习、仪器仪表使用方法预习和预习思考题。预习思考题注重开放性,锻炼学生自学能力,考查学生预习完成情况。

　　(4)附录中给出了典型型号的仪器设备的使用方法。各学校实验室配置的仪器设备型号不尽相同,但由于基本使用方法类似,因此本书所讲内容同样具有指导和借鉴作用。

　　(5)穿插"科学苑"的内容,介绍科学精神、工匠精神和科学家等内容,用于学生社会主义核心价值观和情感态度的培养。

　　(6)由于技术进步,实验仪器不断更新换代,数字化程度越来越高,因此附录中给出了数字万用表、数字示波器、数字信号发生器等仪器设备的使用方法,同时在电工技术综合实验台部分介绍了数字交流功率综合测量仪表的使用方法。

　　本书由张海涛、罗珊主编,秦霞、陈静静、杨元、徐才华、李健科任副主编。本书编者都是长期工作在电工技术教学一线的教师,他们把多年积累的丰富经验凝结于本书,希望能对学生的学习提供更好的帮助。

　　本书在编写过程中,参考了很多相关优秀教材,在此向相关作者表示感谢。

　　由于编者水平有限,书中难免存在疏漏和不足之处,衷心希望广大读者批评指正。

编　者

2022 年 2 月

目　录

第1章 电工技术实验的一般规则

实验课与理论课一样均列入人才培养方案,是课程教学的必要环节。学生通过实验,锻炼动手能力,培养勤于思考、严谨细致的科学作风,掌握电工技术的基本技能,为以后工作实践打下一定基础。

电工技术实验同样需要参加考试或考查,计算成绩。为了使每一位学生能在实验课之前对于实验课的上课方法及要求有所了解,进一步提高实验效果,有必要先介绍一下电工技术实验的一般规则。

1.1 实验课的组织

电工技术实验课的内容是在教师指导下由学生独立完成规定的实验操作,以熟悉仪器仪表的使用及基本操作技能,并通过实验总结,进一步掌握实验内容,把实验中所得的感性知识与理论知识结合起来,从而对电工技术基本理论的理解进一步深化,以达到融会贯通,加深印象,熟练运用的目的。所以,实验课与理论课的关系是相辅相成、有机结合的,但是又各有特点,二者之间既不是割裂的,又不是从属的。

实验课还包括少量的讲解,讲解内容为进行实验所必需的有关测量原理及仪器仪表使用知识等。

实验课每次安排一个实验班,原则上按照一人一组进行,以锻炼学生独立实验操作能力,也可多人一组相互配合完成实验,可锻炼学生团队协作能力。在第一次实验时应把分组名单交给教师,分组名单排定后,不要随意变动。

每次实验要经过预习,包括熟悉设备、接线、通电操作、观察读数、整理数据、编写报告等环节,学生对每个环节都必须重视,不可偏废。

每一班次由实验教师负责指导,指导教师在学生做实验前应检查学生预习情况,讲解实验内容及仪器使用方法,检查接线,检查实验结果,处理和解答学生在实验中所出现的问题,指导学生按照正确的实验方法进行操作,批改实验报告及对学生的实验效果、能力进行考核和评定。

1.2 实验课的预习

学生应该在实验课之前认真预习。预习内容包括复习有关教学内容,阅读实验指导书,明确实验目的与内容,熟悉实验线路图及大致操作步骤,对实验指导书中提出的具体要求做好准备,并写好实验提纲(内容包括实验目的、仪器名称规格、实验步骤、线路图、操作注意事项、记录数据的表格及计算公式)。实验提纲是实验报告的一部分。在预习中出现的疑难问题可以要求实验教师在实验课中讲解。

教师在实验课开始时根据实验指导书要求检查学生的预习情况,若发现学生预习不充分或没有完成实验提纲,应视情况确定是否加强预习知识的补充完善。

1.3　熟悉设备与接线

　　教师讲解以后,学生首先根据实验指导书查对仪器,注意其型号规格是否一致,然后熟悉第一次使用的仪器仪表设备的接线端、刻度、各旋钮的位置作用,电源开关位置以及确定所用仪表的量程及极性等。

　　在接线前应根据实验线路合理摆放、布置仪表及实验器材,以便于读取数据及操作,而且应避免电感线圈过于靠近电表,造成电表读数不准。

　　接线时要注意检查导线与接线叉的连接是否良好,接线柱要旋紧,插头要插紧插准,以保证接触良好,最好用不同颜色的线区别不同的线路。电子仪器的接地应该连在一起,否则容易引入干扰信号。电子仪器的输入输出信号线一律用屏蔽电缆线,一般用红色表示信号接线端,黑色表示地线端。

　　小组的成员应该参加接线,分工接完后,相互校对,再请教师检查。在改接线路时,应力求改动量最小,避免返工重接。

　　在通电前还应注意仪表的零位是否正确,电子设备各旋钮的位置是否正确,自耦变压器及电位器电刷是否调在零位,稳压电源输电压挡位是否正确等,以避免通电瞬间发生事故。

　　学生在预习的基础上应逐渐培养默记线路图,按图接线及查线的能力。接线要按回路进行,不易遗漏。

　　接线是实验的基本技能之一。准确、迅速、合理地接线是考核实验能力的重要方面。

1.4　通电操作及读数

　　学生不得擅自通电,必须在教师同意以后才能接通电源。如果是多人一组实验,通电操作时学生必须都集中注意力观察电路的变化,如有异常应立即断开电源,检查原因。同组的人员必须互相配合,防止一人还在接线时,另一人合闸;否则容易发生人身事故。

　　通电后应首先对线路的工作状态进行必要的检查和调整,然后再在实验所要求的条件下进行观察和读数。读数时应弄清仪器的量程和每一格代表的数值,并注意针影重合,以减小读数误差,而且仪表应按其规定位置放置,否则会产生附加误差。

　　仪表读数时,有效数字是与仪表本身的固有误差相联系的,例如0.5级电表的最大相对误差是量程的 ±0.5% ,读数精度仅能达到标尺的 ±1/200,所以读位数不能太多,凡是低于量程的1/200的位数都是无效的。当然在读数时亦不能简略,把位数读得太少。

　　如果是多人一组实验,读数应由其中二人配合,一人读数,一人观察并记录,读数未完成时不能更改线路或更改工作状态。

　　每一实验步骤的读数完成以后,可以暂时不拆线,根据理论概念粗略地判断一下数据的正确性,也可以作一个曲线的草图,或者进行简单的计算。若有错误,可以立即重新测定。实验完毕之后,应该由教师检查实验结果,然后再断开电源,拆除接线,整理好仪器、设备,离开实验室。

1.5　整理实验结果与编写实验报告

　　整理实验结果是实验的重要环节,通过整理实验结果可以系统地理解实验中所学的知识,建立清晰的概念。实验结果有数据、波形曲线、现象等。找到其中典型的、能说明问题的特征,并找到条件(参数)与结果之间的联系,从而说明电路的性质。

整理实验结果时,必须注意误差的判别。一般因为测量装置不准、测量方法不完善所造成的误差称为"系统误差",例如仪表级别不高、零点未经校正、仪表内阻对被测电路的影响,以及测量者读数时总是偏高或偏低等,这种误差具有一定的规律,通过引用校正值和采用正确、合理的测量方法,是可以避免或得到一定修正的。而在测量过程中由于各种偶然因素,如外界的干扰、湿度的变化等造成的误差称为偶然误差。偶然误差使测量结果忽大忽小,即使在同样的测量条件下以同样仔细的程度进行多次重复测量,其结果亦不完全相同。但由于它服从一定的统计规律,一般可以用求取算术平均值的方法来确定其实际数值。

由于测量者粗心大意、仪器损坏以及读数错误产生的误差称为疏忽误差,含有疏忽误差的测量结果应该抛弃。

作关系曲线可以把两物理量之间的函数关系形象地表现出来。曲线应作在方格纸上,其尺寸不应小于 8 cm × 8 cm,作图应充分利用幅面。坐标的起点不一定从零开始,坐标的标度应该是 1×10^N、2×10^N、2.5×10^N、5×10^N($N = 0,1,2,\cdots$)的倍数,以便于读数。曲线图的布置不要偏于一边或一角,图形不过分扁平或狭长。在描点时,要用 X、△或 O 标点把数据点标注起来,每根曲线用一种符号表示,实验曲线应该平滑,并应尽量使各点平均分布在曲线两边,不能简单地把各点连成折线(特殊要求除外)。

波形的描绘应该在实验观测时进行,应力求真实。注意坐标的均匀及表示出波形的特征,必要时可用箭头标示说明。所给出的波形尺寸以实验报告所要求的为准。

实验报告写在专门的实验报告纸上,开始应写出实验名称、实验日期、组别、同组者姓名。内容包括预习实验时所做的实验提纲,以及实验思考题,文字须简要。最后,学生可对实验过程或实验结果进行讨论或提出意见。

实验报告应在实验结束后尽快完成,这样做因印象深易于整理结果。实验报告应在下一次实验时交给指导教师。

1.6 实验的安全操作

安全用电是电工技术实验中始终需要注意的。由于电路、电机实验都是用市电进行的,而一般 40 V 电压作用于人体就可以产生生命危险,所以在操作中应该注意以下几点:

(1)在电路通电情况下,不要用手接触电路中不绝缘的地线或连接点。如果改接电路,应在断电时进行,电源线应在最后连接,拆线时应最早拆电源线。

(2)接通电源应在教师检查接线合格后进行。

(3)接通电源必须通知同组人员,以防止因不注意而触电。

(4)接线要整理好,不要钩住电动机转轴等物品。

(5)不得用电流表及万用表的电阻、电流挡去测电压,功率表的电流线圈亦不允许并联在电路中。

(6)电烙铁在使用时要放在专用烙铁架上,以防止烫坏物品或引起火灾。

(7)电动机转轴转动时,防止其他物品卷入。禁止用手或脚使电动机制动。

(8)导线连接应牢固,防止实验过程中线头脱落造成碰线、短接。

(9)在规定需要接地的场合,必须妥善接地,否则不能接地。特别是在用三孔插头的示波器观测波形时,对信号地线的连接应谨慎。

科学苑 1　科学精神

2022 年 1 月 1 日起施行的《中华人民共和国科学技术进步法》把科学精神的内涵明确为"追求真理、崇尚创新、实事求是"。

科学精神的主要内容可以概括为：

（1）批判和怀疑的精神。

（2）创造和探索的精神。

（3）实践和理性的精神。

（4）独立思考和团队合作的精神。

（5）奉献和人文的精神。

科学精神主张科学认识来源于实践，实践是检验科学认识真理性的标准和认识发展的动力；重视以定性分析和定量分析作为科学认识的一种方法；倡导科学无国界，科学是不断发展的开放体系，不承认终极真理；主张科学的自由探索，在真理面前一律平等，对不同意见采取宽容态度，不迷信权威；提倡怀疑、批判、不断创新进取的精神。

第2章　测量误差和数据处理

测量是获取实验数据的基本手段。电工测量是借助电工仪器仪表等器材获取电路工作物理量的方法。由于仪器仪表测量精度和内阻、人为观察影响等因素,测量结果必然会存在误差。如何减小实验误差,满足实验目的的要求,是电工技术实验人员必须首先掌握的基本技能。

2.1　测量误差基本概念和表示方法

测量误差根据其性质和特点,可以分为系统误差、偶然误差和疏忽误差。

(1)系统误差。在一定条件下,对同一个对象进行测量时,如果出现的误差大小与正负恒定不变或者遵守某一个规律,这种误差则称为系统误差。产生系统误差的原因有:①基本误差,也称仪器仪表误差,指的是刻度的偏差、仪表的零点偏移或者仪器仪表本身原因造成的遵循某种规律的偏差;②环境误差,指的是测量时环境温度、湿度以及其他环境参数对测量仪表干扰引起的偏差;③读数误差,指的是因测量者读数人为因素造成的偏差;④测量方法误差,指测量方法的近似性引起的偏差。

(2)偶然误差。同一个测量者采用相同的仪器对同一个电路进行多次等精度测量时,每次测量结果也不相同,误差发生具有偶然性和随机性,这种误差称为偶然误差或者随机误差。

(3)疏忽误差。由于疏忽引起的测量值明显偏离真实值的误差称为疏忽误差。将这些含有疏忽误差的测量值称为坏值或者异常值。在实验测量过程中或者数据处理时,应尽量剔除这些坏值,产生疏忽误差的原因有不合适的测量方法或者测量者粗心大意等。

2.2　误差的表示方法

指示式仪表的误差表示方法有三种:绝对误差、相对误差和引用误差。

(1)绝对误差。绝对误差是测量结果(A_x)与被测量真值(A_0)之间的差值。绝对误差 Δ 可表示为

$$\Delta = A_x - A_0 \tag{2-1}$$

真值一般无法求得。在实际应用中,可以用标准表的指示值作为被测量的真值。当 $A_x > A_0$ 时,Δ 为正值;当 $A_x < A_0$ 时,Δ 为负值。所以,绝对误差是具有大小、正负的数值。它的大小和符号分别表示测量结果偏离真值的程度和方向。

【例2-1】用一只标准电压表校准两只电压表。用标准电压表测量电路中某一电阻上的电压为32.1 V,而用电压表1和电压表2测量时,读数分别为32.3 V和31.5 V,求两只电压表的绝对误差。

解:由式(2-1)得电压表1和电压表2绝对误差分别为

$$\Delta_1 = A_{X1} - A_0 = (32.3 - 32.1)V = 0.2\ V$$
$$\Delta_2 = A_{X2} - A_0 = (31.5 - 32.1)V = -0.6\ V$$

从绝对误差看,电压表 1 测量的数值要比电压表 2 测量的数值更准确。

(2)相对误差。当测量不同大小的被测量时,不能简单地用绝对误差判断其准确程度,例如当用电压表 1 测量真值为 20 V 电压时,读数为 20.5 V,绝对误差 $\Delta_1 = 0.5$ V;用电压表 2 测量真值为 100 V 电压时,读数为 99 V,绝对误差 $\Delta_2 = -1$ V。从绝对误差的大小来看,电压表 2 的值大于电压表 1。但从仪表测量结果的相对影响来看,却是电压表 1 对结果影响较大。因为电压表 1 的误差占被测量值的 2.5%,而电压表 2 的误差却只占被测量值的 1%。所以,绝对误差的表示方法有它的不足之处,它往往不能确切地反映测量质量,因而工程上通常采用相对误差来衡量测量结果的准确度。

相对误差 r 是绝对误差与真值的比值,并且通常用百分数来表示,即

$$r = \frac{\Delta}{A_0} \times 100\% \tag{2-2}$$

相对误差可以很好地反映测量的准确度,但不能说明仪表本身的准确性。在连续刻度的仪表中,用相对误差来表示在整个量程内的准确度就不太合适,因为对不同的真值,同一仪表的绝对值相差不大。根据式(2-2)可知,不同的真值具有不同的相对误差。

(3)引用误差(又称满刻度相对误差)。引用误差是指绝对误差 Δ 与仪表测量上限 A_m(仪表的满刻度值)比值的百分数,用 r_m 表示,即

$$r_m = \frac{\Delta}{A_m} \times 100\% \tag{2-3}$$

因为仪表的测量上限是一个常数,而仪表的绝对误差又基本上不变,对某一个仪表来说,引用误差就近似为一个常数。因而,可以用引用误差来表示仪表的准确度。引用误差事实上就是测量的真值为仪表最大测量上限的相对误差。

国际标准规定用最大引用误差来表示仪表的准确度等级。准确度等级用 k 表示,即

$$\pm k\% = \frac{\Delta_m}{A_m} \times 100\% \tag{2-4}$$

式中,Δ_m 表示仪表测量时的最大绝对误差。

准确度等级为仪表测量时的最大绝对误差与仪表测量上限比值的 100 倍。

仪表的准确度等级分为 7 级:0.1、0.2、0.5、1.0、1.5、2.5、5.0。对满量程相同的同类仪表来说,仪表准确度等级越小,仪表测量越准确。

此外,使用电工仪表测量时,为确保测量精度最大化,一般应工作在不大于满刻度值的一半的区域,这样才能使测量值更加准确。

【例 2-2】要测量一个真值为 20 V 的电压,有 1.0 级、量程为 100 V 和 1.5 级、量程为 30 V 的甲、乙两只电压表,试判断选用哪只电压表最合适。

解:由式(2-4)得 1.0 级、量程为 100 V 的甲电压表的绝对误差为 ±1.0 V,则真值为 20 V 的电压的测量值为(20 ± 1.0)V;1.5 级、量程为 30 V 的乙电压表的绝对误差为 ±0.45 V,则真值为 20 V 的电压的测量值为(20 ± 0.45)V。

从分析结果可知,尽管甲电压表的准确度等级高于乙电压表,但由于甲电压表量程比乙电压表量程大许多,导致测量 20 V 电压值甲电压表的绝对误差高于乙电压表,应选乙电压表测量。所以,在选择仪表进行测量时,必须兼顾准确度等级和量程,不能只单方面地根据仪表的准确度等级来选择。

2.3　测量误差的消除

消除或尽量减少测量误差是进行准确测量的条件之一,所以在进行测量之前,必须预先估计所有产生误差的根源,有针对性地采取相应的措施加以处理,就能使结果更加接近被测量的真值。

2.3.1　系统误差的消除

(1)修正误差。在测量之前,应对测量所用仪器和仪表用更高一级标准仪器进行检定,从而确定它们的修正值,则实际值 = 修正值 + 测量值,通过修正值可消除仪表误差。

(2)消除误差来源。测量之前,测量者应对整个测量过程及测量装置进行必要的分析与研究,找出可能产生系统误差的原因,在测量之前对产生误差的因素采取一些必要的措施使这些随意因素得以消除或削弱。

2.3.2　偶然误差的消除

偶然误差的特点是在多次测量中偶然出现的误差。误差绝对值的波动有一定的界限,正负误差出现的机会相同。根据统计学的知识分析可知,当测量次数足够多时,偶然误差的算术平均值趋向于零。因此,可以用取多次测量值的平均值的方法来消除偶然误差。

2.3.3　疏忽误差的消除

凡是由于偶然疏忽所造成的疏忽误差,数据就明显地与实际值相差甚远。这种由于疏忽所测得的数据均为坏值,在进行数据处理时应将其剔除。

综上所述,三种误差同时存在的情况下,对于确认为疏忽误差的测量值,应给予剔除;对于偶然误差,采用统计学求平均值的方法来削弱它的影响;对于系统误差,在进行测量之前,必须预先估计一切产生系统误差的根源,有针对性地采取相应的措施来消除系统误差,如对仪表进行校正、配置适当的仪器仪表、选择合理的测量方法等。

2.4　测量数据处理

实验中,被记录下来的一些数据还需要经过适当的处理和计算才能反映出事物的内在规律,这种处理过程称为测量数据处理。测量数据处理建立在误差分析的基础上,因此应制定出合理的数据处理方法,以减小测量过程中偶然误差的影响。

在进行测量数据处理时,其测量结果通常用数字和图形两种形式表示。对用数字表示的测量结果,除了注意有效值的正确取舍外,还应制定出合理的数据处理方法,以减少测量过程中偶然误差的影响。对用图形表示的测量结果,应考虑坐标的选择和正确的作图方法以及对所作图形的评定等。

2.4.1　测量结果的数据处理

用数字表示测量结果时,主要包括有效数字的取舍与数据的运算。

(1)有效数字的概念。仪表上读出的数值,其最末位数是估读的,例如有一个电压表的量程为 10 V,电压表的每一小格代表 0.1 V,用此电压表测某电压,表上的示值刻度为 7.71 V、7.72 V

或 7.73 V,前两位数可以从电压表的刻度上读出,称为确切数字,而末尾数是测量者估计出来的,估读的结果因人而异,因此末尾数称为存疑数字。两者合称有效数字,如上述电压测量值是三位有效数字。在电工测量中,指针式的直读仪表一般可读出三位有效数字,比较式仪表、数字式仪表则可得到更多位有效数字。在记录数据时应注意以下几点:

①有效数字的位数与小数点无关。例如,343 与 3.43 及 0.236 都是三位有效数字。

②"0"在数字之间或数字之末算作有效数字;而在数字之前的作用仅是定位,不算有效数字。例如,1.05、2.60 都是三位有效数字,而 0.15、0.021 等只有两位有效数字。应注意 4.50 与 4.5 的意义不同,前者中的 5 是确切数字,而后者中的 5 是存疑数字。

③遇有很大的数,有效数字的记法采用指数形式。与 10 的方次相乘的数字代表有效数字,如 4.5×10^3 和 5.60×10^3 分别以 4.5 和 5.60 表示两位及三位有效数字,不能不顾有效数字而随意书写。同样,对很小的数,如 0.00123 可写作 1.23×10^{-3},表示三位有效数字。

(2)多余有效数字处理原则。在测量中,对于多余的有效数字的处理原则:当被舍去的多余有效数字大于 5,则采用舍 5 进 1;当被舍去的多余有效数字小于 5,则只舍去而不进;当被舍去的多余有效数字等于 5,而 5 之后的数字不为 0,则同样采用舍 5 进 1;当被舍去的多余有效数字等于 5,而 5 之后的数字全部都为 0,如若 5 前面为偶数,则只舍不进,如若 5 前面为奇数,则舍 5 进 1。

(3)有效数字的运算。当测量结果需要进行中间运算时,有效数字的位数对运算结果影响较大,正确选定运算数据有效数字的位数是实现高精度测量的保证。但有效数字位数保留太多将使计算变得复杂,太少又可能影响测量精度。究竟保留多少位有效数字,原则上取决于参与运算的各数中精度最低的那一项。一般取舍规则分为下面几种情况。

①加减运算。进行加减运算时,结果所保留的小数点后面的位数应该不多于各项值中小数点后面位数最少项的位数。

②乘除运算。进行乘除运算时,有效数字取决于其中有效位数最少的项。

③乘方及开方运算。进行乘方与开方运算时,得到的有效数字位数与原数据的有效数字位数相同。

④三角函数、对数运算。进行三角函数运算时,三角函数的有效数字的位数与角度的有效数字位数相同。进行对数运算时,对数运算结果的有效数字位数与原数据有效数字位数相同。

2.4.2 测量结果的图解分析

图解分析是根据测量数据作出一条尽可能反映真实情况的曲线,并对该曲线进行定量的分析。熟练掌握作图规则是正确进行图解分析的关键。作图规则如下:

(1)确定坐标轴。首先将已记录好的数据列成数据表,图解分析时一般以纵坐标代表自变量,根据数据正负、大小选好坐标轴的方向和比例,并用箭头和比例数标在坐标轴上。选取的原则是使曲线充满整个所选取的坐标平面。

(2)根据实验数据作图。根据数据表一一找出各对应的实验点并给出鲜明的标记,比如上"*"或"△"等符号。实验点不一定都落在曲线上,只要均匀地分布在曲线的两侧即可,切忌连成折线或多弯线,这样的曲线不能反映客观事物的单值的函数关系。另外,有时在测量数据时就应该注意观察,当曲线出现弯曲时,取测量点尽量密集些,在平直部分可以稀疏。有条件时,可以一边测量一边描一个草图,发现可疑之处,可以重测。

(3)图解分析。用图解分析来处理实验数据,比如求斜率或截距,应取平均值,不要取个别实验点。

【例2-3】用伏安法测电阻实验中,数据见表2-1,试用作图法求电阻值。

表2-1　伏安特性测试数据

项目	1	2	3	4	5	6
U/V	0	2.00	4.00	6.00	8.00	10.00
I/mA	0	19.8	40.6	60.2	79.7	98.8

解:由表2-1的测量数据,作图2-1,取 A、B 两点,可知 A 点坐标为 $(7.60, 75.0)$,B 点坐标为 $(2.40, 25.0)$,由 A、B 两点坐标可求电阻值:

$$R = \frac{7.60 - 2.40}{75.0 - 25.0}\text{k}\Omega = 0.104 \text{ k}\Omega = 104 \text{ }\Omega$$

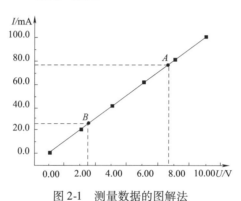

图2-1　测量数据的图解法

科学苑2　工匠精神

"工匠"一词最早出现在春秋战国时期,即社会分工中开始独立存在专门从事手工业的群体后出现的,此时工匠主要代指从事木匠的群体。随着历史的发展,东汉时期"工匠"一词的含义已经基本覆盖全体的手工业者。

工匠精神包括高超的技艺和精湛的技能,严谨细致、专注负责的工作态度,精雕细琢、精益求精的工作理念,以及对职业的认同感、责任感。工匠精神内涵广泛,主要包括以下四项。

1. 敬业

敬业是从业者基于对职业的敬畏和热爱而产生的一种全身心投入的认认真真、尽职尽责的职业精神状态。中华民族历来有"敬业乐群""忠于职守"的传统,敬业是中国人的传统美德,也是当今社会主义核心价值观的基本要求之一。早在春秋时期,孔子就主张人在一生中始终要"执事敬""事思敬""修己以敬"。"执事敬",是指行事要严肃认真不怠慢;"事思敬",是指临事要专心致志不懈怠;"修己以敬",是指加强自身修养,保持恭敬谦逊的态度。

2. 精益

精益就是精益求精,是从业者对每件产品、每道工序都凝神聚力、精益求精、追求极致的职业品质。所谓精益求精,是指已经做得很好了,还要求做得更好。正如老子所说,"天下大事,必作于细"。能基业长青的企业,无不是精益求精才获得成功的。

3. 专注

专注就是内心笃定而着眼于细节的耐心、执着、坚持的精神,这是一切"大国工匠"所必须具备的精神特质。从中外实践经验来看,工匠精神都意味着一种执着,即一种几十年如一日的坚持与韧性。"术业有专攻",一旦选定行业,就一门心思扎根下去,心无旁骛,在一个细分产品上不断积累优势,在各自领域成为"领头羊"。在中国早就有"艺痴者技必良"的说法,如《庄子》中记载的游刃有余的"庖丁解牛"、《核舟记》中记载的奇巧人王叔远等。

4. 创新

"工匠精神"还包括追求突破、追求革新的创新内蕴。古往今来,热衷于创新和发明的工匠们一直是世界科技进步的重要推动力量。中华人民共和国成立初期,我国涌现出一大批优秀的工匠,如倪志福、郝建秀等,他们为社会主义建设事业做出了突出贡献。改革开放以来,"汉字激光照排系统之父"王选、"中国第一、全球第二的充电电池制造商"王传福、从事高铁研制生产的铁路工人和从事特高压、智能电网研究运行的电力工人等都是"工匠精神"的优秀传承者,他们让中国创新重新影响了世界。

第3章 安全用电

3.1 实验室安全用电

电工技术实验中会有超出安全电压的情况,如操作不当,可能危及人身安全,因此掌握基本的安全用电知识是必须的。此外,安全用电也可以在实验中确保仪器仪表安全,为今后工作、生活中从事与电相关的活动奠定基础。

3.1.1 防止触电

为防止触电,应遵循以下原则:

(1)不用潮湿的手接触电器。

(2)电源裸露部分应有绝缘装置(例如电线接头处应裹上绝缘胶布)。

(3)所有电器的金属外壳都应保护接地。

(4)实验时,应先连接好电路后再接通电源,实验结束时,先切断电源再拆电路。

(5)修理或安装电器时,应先切断电源。

(6)不能用试电笔去试高压电,使用高压电源应有专门的防护措施。

(7)如有人触电,应迅速切断电源,然后进行抢救。

(8)测量绝缘电阻可用兆欧表。

(9)在需要带电操作低电压电路时,用单手比用双手操作安全。

(10)电动工具上所标的"回"符号表示双重绝缘。

(11)实验室内的明、暗插座距地面的高度一般不低于 0.3 m。

(12)在潮湿或高温或有导电灰尘的场所,应该用超低电压供电。工作地点相对湿度大于75% 时,属于危险、易触电环境。

(13)电工应该穿绝缘鞋工作。

(14)含有高压变压器或电容器的电子仪器,使用者打开仪器盖时应注意其危险性。

(15)影响电流对人体伤害程度的主要因素有:电流的大小、电流流经人体的途径、电流的频率、人体的电阻。漏电保护器既可用来保护人身安全,还可对低压系统或设备的对地绝缘状况起到监督作用。

(16)安全电压是指保证不会对人体产生致命危险的电压值,工业中使用的安全电压是 36 V 以下。低压电笔一般适用于 500 V 以下的交流电压。

(17)工作人员离开实验室或遇突然断电,应关闭电源,尤其要关闭加热电器的电源开关;不得将供电线任意放在通道上,以免因绝缘破损成短路。

3.1.2 防止引起火灾

(1)使用的熔丝要与实验室允许的用电量相符。

（2）导线的安全通电量应大于用电功率。

（3）室内若有氢气、煤气等易燃易爆气体,应避免产生电火花;继电器工作和开关电闸时,易产生电火花,要特别小心。电器接触点(如电插头)接触不良时,应及时修理或更换。

（4）如遇导线起火,应立即切断电源,用沙或二氧化碳、四氯化碳灭火器灭火,禁止用水或泡沫灭火器等导电液体灭火。

（5）交、直流回路不可以合用一条电缆。

（6）动力配电线五线制 U、V、W、中性线、地线的色标分别为黄、绿、红、蓝、双色线。

（7）单相三芯线电缆中的红线代表相线。

3.1.3 防止短路

（1）电路中各接点应牢固,电路元件两端接头不要互相接触,以防短路。

（2）电线、电器不要被水淋湿或浸在导电液体中,例如实验室加热用的灯泡接口不要浸在水中,以防通过水或者导电液体发生短路。

（3）三相电闸闭合或三相空气开关闭合后,由于缺相会导致三相电机"嗡嗡"响、不转或转速很慢,产生类似于短路的故障。

（4）实验时,电源变压器二次侧输出被短路,会出现电源变压器有异味、冒烟、发热现象,直至烧毁。

（5）交流电路断电后,内部的电容可能会有高电压,用仪表测量电容值时会损坏仪表。

3.2 家庭安全用电

（1）考虑电能表和低压电路的承受能力。电能表所能承受的电功率近似于电压与电流的乘积,民用电的电压是 220 V,如家中安装 2.5 A 的电能表,所能承受的电功率是 550 W,像 600 W 的电饭煲则不能使用。如此推算,5 A 的电能表所能承受的电功率是 1 100 W。

（2）考虑一个插座允许插接几件电器。如果所有电器的最大功率之和不超过插座的功率,一般是不会出问题的。用三对以上插孔的插座,对于同时使用空调、电饭锅、电饭煲、电热水器等大功率电器时,应先算一算这些电器功率的总和。如超过了插座的限定功率,插座就会因电流太大而发热烧坏,这时应减少同时使用的电器数量,使功率总和保持在插座允许的范围之内。

（3）安装的刀闸必须使用相应标准的熔丝,不得用其他金属丝替代,否则容易造成火灾,毁坏电器。如因家用电器着火引起火灾,必须先切断电源,然后再进行救火,以免触电伤人。

3.3 安全用电方法

（1）带金属外壳的电器应使用三脚电源插头。有些家电出现故障或受潮时外壳可能漏电。一旦外壳带电,用的又是两脚电源插头,人体接触后就有遭受电击的可能。耗电大的家用电器,要使用单独的电源插座。因为导线和插座都有规定的载流量,如果多种电器合用一个电源插座,当电流超过其额定电流时,导线便会发热,塑料绝缘套可能熔化导致燃烧。

（2）电压波动大时要使用保护器。日常生活中,瞬间断电或电源电压波动较大的情况时有发生,这对电冰箱是一个威胁。若停电后又在短时间(3～5 min)内恢复供电,电冰箱的压缩机所承受的起动电流要比正常起动电流大好几倍,压缩机可能会烧毁。

（3）照明开关必须接在相线上。如果将照明开关装设在中性线上，虽然断开时电灯也不亮，但灯头的相线仍然是接通的，而人们以为灯不亮，就会错误地认为是处于断电状态。而实际上灯头上各点的对地电压仍是 220 V。如果灯灭时人们触及这些实际上带电的部位，就会造成触电事故。所以各种照明开关或单相小容量用电设备的开关，只有串联在相线上，才能确保安全。

（4）正确安装单相三孔插座。通常，单相用电设备，特别是移动式用电设备，都应使用三芯插头和与之配套的三孔插座。三孔插座上有专用的保护接零（地）插孔，在采用接零保护时，有人常常仅在插座底内将此孔接线桩头与引入插座内的中性线直接相连，这是极为危险的。因为万一电源的中性线断开，或者电源的相线、中性线接反，其外壳等金属部分也将带上与电源相同的电压，这就会导致触电。因此，接线时专用接地插孔应与专用的保护接地线相连。采用接零保护时，接零线应从电源端专门引来，而不应就近利用引入插座的中性线。

（5）安装漏电保护器。漏电保护器又称漏电保护开关，是一种新型的电气安全装置，其主要用途是：防止由于电气设备和电气电路漏电引起的触电事故；防止用电过程中的单相触电事故；及时切断电气设备运行中的单相接地故障，防止因漏电引起的电气火灾事故。

3.4　发生触电事故的主要原因

统计资料表明，发生触电事故的主要原因有以下几种。

（1）缺乏电气安全知识。在高压线附近放风筝，爬上高压电杆掏鸟巢；低压架空电路断线后不停电用手去拾相线；黑夜带电接线手摸带电体；用手摸破损的胶盖刀闸。

（2）违反操作规程。带电连接电路或电气设备而又未采取必要的安全措施，触及破坏的设备或导线，误登带电设备，带电接照明灯具，带电修理电动工具，带电移动电气设备，用湿手拧灯泡等。

（3）设备不合格。安全距离不够，二线一地制接地电阻过大，接地线不合格或接地线断开，绝缘破坏，导线裸露在外等。

（4）设备失修。大风刮断电路或刮倒电杆未及时修理；胶盖刀闸的胶木损坏未及时更换；电动机导线破损，使外壳长期带电；瓷瓶破坏，使相线与中性线短接，设备外壳带电。

（5）其他偶然原因。夜间行走触碰断落在地面的带电导线。

3.5　触电事故现场急救

人员遭电击后，一般表现为三种状态：第一种是神志不清，感觉乏力、头昏、胸闷、心悸、出冷汗甚至恶心呕吐；第二种是神志昏迷，但呼吸、心跳尚存；第三种是神志昏迷，呈全身性电休克所致的假死状态，肌肉痉挛、呼吸窒息、心室颤动或心跳停止、面色苍白、口唇发紫、瞳孔扩大、对光反应消失、脉搏消失、血压降低，触电者必须立即在现场进行心肺复苏抢救，并同时向医院告急求救。

触电事故现场急救的步骤如下：

（1）迅速解脱电源。发生了触电事故，切不可惊慌失措，要立即切断电源，使触电者脱离继续受电流损害的状态，减少损伤，同时向医疗部门呼救，这是能否抢救成功的首要因素。切断电源前应注意触电者身上因有电流通过，已成带电体，任何人不应触碰触电者，以免自己也成为带电体而遭电击。切断电源应采取的方法有两种：一是立即拉开电源开关或拔掉电源插头；二是不能立即按上面的办法切断电源时,可用干燥的木棒、竹竿等将电线拨开,使触电者脱离电源。切不可用手、金属或潮湿的导电物体直接触碰触电者的身体或触碰触电者接触的导线,以免引起抢救者自身触电。在进行解脱电源的操作时,要事先采取防摔措施,防止触电者脱离电源后因肌肉放松而自行摔倒,造成新的外伤。解脱电源的操作要用力适当,防止因用力过猛使带电导线击伤在场的其他人员。

(2)现场的简单诊断。在解脱电源后,触电者往往处于昏迷状态,全身各组织严重缺氧、生命垂危。所以,这时不能用整套常规方法进行系统检查,而只能用简单有效的方法尽快对心跳、呼吸与瞳孔的情况做判断,以确定触电者是否假死。

简单诊断方法:

①观察触电者是否还存在呼吸。可用手或纤维毛放在触电者的鼻孔前,感受和观察是否气体流动。同时,观察触电者的胸廓和腹部是否有上下起伏的呼吸运动。

②检查触电者是否存在心跳。可直接在心前区听是否有心跳的声音,或摸颈部动脉确定是否搏动。

③看一看瞳孔是否扩大。人的瞳孔受大脑控制,在正常情况下,瞳孔的大小可随外界光线的强弱变化而自动调节,使进入眼内的光线适中。在假死状态下,大脑细胞严重缺氧,机体处于死亡边缘,整个调节系统失去了作用,瞳孔便自行扩大,并且对光线强弱变化也不起反应。诊断的结果为采取对症治疗措施提供依据。

3.6 触电急救方法

3.6.1 人工呼吸法

人工呼吸的目的就是采取人工的方法来代替肺的呼吸活动,及时而有效地使气体有节律地进入和排出肺脏,供给体内足够的氧气,并充分排出二氧化碳,维持正常的通气功能,促使呼吸中枢尽早恢复功能,使处于假死的触电者尽快脱离缺氧状态,使机体受抑制的功能得到兴奋,恢复人体自动呼吸。它是复苏触电者的一种重要急救措施。人工呼吸具体操作要有步骤地进行。环境要安静,冬季要保温,触电者平卧,解开衣领,松开围巾和紧身衣服,放松裤带,以利于呼吸时胸廓自然扩张。在触电者的肩背下方可垫软物,使机体受抑制的头部充分后仰,呼吸道尽量畅通,减少气流的阻力,确保有效通气量,同时这也可以防止舌根陷落而堵塞气流通道。然后,将触电者嘴巴掰开,用手指清除口腔中的异物,如义齿、分泌物、呕吐物等,以避免阻塞呼吸道。抢救者站在触电者的一侧,以近其头部的手紧捏触电者的鼻子(以避免漏气),并将手掌外缘压住头部,另一只手托在触电者颈部,将颈部上抬,头部充分后仰,鼻孔成朝天位,使嘴巴张开准备接受吹气。抢救者先吸一口气,然后嘴巴紧贴触电者的嘴巴吹气,同时观察其胸部是否膨胀隆起,以确定吹气是否有效和吹气是否适度。吹气停止后,抢救者头稍侧转,并立即放松捏触电者鼻子的手,让气体从触电者的鼻孔排出。此时注意胸部复原情况,倾听呼吸声,观察有无呼吸道梗阻。如此反复而有节律地做人工呼吸,不可中断,每分钟吹气应在 12 ~ 16 次。进行人工呼吸要注意,口对口的压力要掌握好,开始时可略大些,频率也可稍快些,经过一二十次吹气后逐渐减少压力,只要维持胸部轻度升起即可。如遇到触电者嘴巴掰不开的情况,可改用口对鼻孔吹气的办法,吹气时压力稍大些,时间稍长些,效果相仿。采取这种方法,只有当触电者出现自动呼吸时,方可停止。但要仔细观察,以防再次出现呼吸停止。

3.6.2 体外心脏按压法

体外心脏按压法是指通过人工方法有节律地对心脏按压,来代替心脏的自然收缩,从而达到维持血液循环的目的,进而恢复心脏的自然节律,挽救触电者的生命。体外心脏按压法简单易学,效果好,不需要设备,也不会增加创伤,便于推广普及。操作时要使触电者就近卧于硬板或地上,注意保暖,解开触电者衣领,使其头部后仰侧偏,抢救者站在触电者左侧或跪跨在触电者的腰部。抢救者以一手掌置于触电者胸骨下 1/2 段,即中指对准其颈部凹陷的下缘,另一只手掌交叉重叠于该手手背上,肘关节伸直,依靠体重和臂、肩部肌肉的力量,垂直用力,向脊柱方向冲击性地用力施压胸骨下段,使胸骨下段与其相连的肋骨下陷 3～4 cm,间接压迫心脏使心脏内血液搏出。挤压后突然放松(要注意掌根不能离开胸部),依靠胸廓的弹性,使胸骨复位。此时心脏舒张,大静脉的血液就会回到心脏。

在进行体外心脏按压时要注意:首先,操作时定位要准确,用力要垂直适当,要有节奏地反复进行,防止因用力过度而造成继发性组织器官的损伤或肋骨内折;其次,挤压频率一般控制在每分钟 60～80 次,有时为了提高效果,可增加挤压频率,达到每分钟 100 次左右;再次,抢救时必须同时兼顾心跳和呼吸;最后,抢救工作一般需要很长时间,在没送进医院之前,抢救工作不能停止。

以上两种抢救方法适用范围比较广,除用于电击触电者外,对遭雷击、急性中毒、烧伤、心搏骤停等因素所引起的休克或呼吸停止的人员都可采用,有时两种方法可交替进行。

实验研究和统计表明,如果从触电后 1 min 开始救治,则有 90% 的机会可以救活;如果从触电后 6 min 开始抢救,则仅有 10% 的机会可以救活;而从触电后 12 min 开始抢救,则救活的可能性极小。因此,当发现有人触电时,应争分夺秒,采用一切可能的办法。

3.7 实验室安全用电的措施

实验室仪器仪表很多使用市电,正确掌握安全用电知识,确保用电安全至关重要。

(1)不要购买"三无"的假冒伪劣仪器仪表。

(2)使用仪器仪表时应有完整可靠的电源线插头,对金属外壳的仪器仪表都要采用接地保护。

(3)不能在地线上和中性线上装设开关和熔丝,禁止将接地线接到自来水或煤气管道上。

(4)不要用湿手接触带电设备,不要用湿布擦抹带电设备。

(5)不要私拉乱接导线,不要随便移动带电设备。

(6)检查和修理仪器仪表时,必须先断开电源。

(7)仪器仪表的电源线破损时,要立即更换或用绝缘布包扎好。

(8)仪器仪表或导线发生火灾时,应先断开电源再灭火。

3.8 熔丝的选配

熔丝应根据用电容量的大小来选用。如使用容量为 5 A 的电表时,熔丝应大于 6 A 小于 10 A;如使用容量为 10 A 的电表时,熔丝应大于 12 A 小于 20 A,也就是选用的熔丝应是电表容量的 1.2～2 倍。选用的熔丝应是符合规定的一根,而不能以小容量的熔丝多根并用,更不能用铜丝代替熔丝。

3.9　防止电气火灾事故及发生火灾后的处理

　　首先,在安装电气设备的时候,必须保证质量,并应满足安全防火的各项要求。要用合格的电气设备,破损的开关、灯头和导线都不能使用,导线的接头要按规定连接法牢固连接,并用绝缘胶带包好。对接线桩头、端子的接线要拧紧螺钉,防止因接线松动而造成接触不良。电工安装好设备后,并不意味着可以一劳永逸了,用户在使用过程中,如发现灯头、插座接线松动(特别是移动电器插头接线容易松动),接触不良或有过热现象,要找电工及时处理。

　　其次,不要在低压电路和开关、插座、熔断器附近放置油类、棉花、木屑、木材等易燃物品。

　　电气火灾发生前,都有一种前兆,要特别引起重视,就是导线因过热首先会烧焦绝缘外皮,散发出一种烧橡胶、烧塑料的难闻气味。所以,当闻到此气味时,应首先想到可能是电气方面原因引起的,如查不到其他原因,应立即拉闸停电,直到查明原因,妥善处理后,才能合闸送电。

　　万一发生了火灾,不管是否是电气方面引起的,首先要想办法迅速切断火灾范围内的电源。因为,如果火灾是电气方面引起的,切断了电源,也就切断了起火的火源;如果火灾不是电气方面引起的,也会烧坏导线的绝缘,若不切断电源,烧坏的导线会造成碰线短路,引起更大范围的导线着火。发生电气火灾后,应使用盖土、盖沙或灭火器,但绝不能使用泡沫灭火器,因为此种灭火剂是导电的。

3.10　安全用电常识

　　(1)每个家庭必须具备一些必要的电工器具,如验电笔、螺丝刀等,按实际需要配备适合电器使用的各种规格的熔断器和熔丝。

　　(2)每户家用电表前必须装有总断路器,电表后应装有分断路器、漏电保护器。

　　(3)任何情况下严禁用铜丝、铁丝代替熔丝,熔丝一定要与用电容量匹配。更换熔丝时要拔下瓷盒盖,不得直接在瓷盒内搭接熔丝,不得在带电情况下(未拉开刀闸)更换熔丝。

　　(4)烧断熔丝或漏电开关动作后,必须查明原因才能再合上电源开关。任何情况下,不得用导线将熔丝短接或者压住漏电开关跳闸机构强行送电。

　　(5)购买家用电器时应认真查看产品说明书的技术参数(如频率、电压等)是否符合本地用电要求。要清楚耗电功率的大小,家庭已有的供电能力是否满足要求,特别是配线容量、插头、插座、熔丝、电表是否满足要求。

　　(6)当配电设备不能满足电器容量要求时,应予更换改造,严禁凑合使用;否则,超负荷运行会损坏电气设备,还可能引起电气火灾。

　　(7)购买电器还应了解其绝缘性能,如是一般绝缘、加强绝缘,还是双重绝缘。如果是靠接地作为漏电保护的,则接地线必不可少。即使是加强绝缘或双重绝缘的电气设备,做保护接地或保护接零亦有好处。

　　(8)带有电机类的家用电器(如电风扇等),还应了解耐热水平和是否可以长时间连续运行,要注意家用电器的散热条件。

　　(9)安装家用电器前应查看产品说明书对安装环境的要求,特别注意在可能的条件下,不要把家用电器安装在湿热、灰尘多或有易燃、易爆、腐蚀性气体的环境中。

　　(10)在敷设室内配线时,相线、中性线应标志明晰,并与家用电器接线保持一致,不得互相接错。

（11）家用电器与电源连接必须采用可开断的开关或插接头，禁止将导线直接插入插座孔。

（12）凡要求有保护接地或保护接零的家用电器，都应采用三脚插头和三孔插座，不得用双脚插头和双孔插座代替，造成接地（或接零）线悬空。

（13）家庭配线中间最好没有接头，必须有接头时应接触牢固并用绝缘胶布缠绕，或者用瓷接线盒，禁止用医用胶布代替电工胶布包扎接头。

（14）导线与开关、刀闸、熔丝盒、灯头等的连接应牢固可靠，接触良好。对于多股软铜线接头应绞合后再放到接头螺灯垫片下，防止细股线散开碰到另一接头造成短路。

（15）家庭配线不得直接敷设在易燃的建筑材料上面，如需在木料上布线，必须使用瓷珠或瓷夹子，穿越木板必须使用瓷套管；不得使用易燃塑料和其他的易燃材料作为装饰用料。

（16）接地或接零线虽然正常时不带电，但断线后如遇漏电会使电器外壳带电；如遇短路，接地线亦通过大电流。为了安全，接地（接零）导线线径规格应不小于相导线线径，且接地（接零）导线上不得装开关或熔丝，也不得有接头。

（17）接地线不得接在自来水管上（因为现在自来水管接头堵漏用的都是绝缘带，没有接地效果），不得接在煤气管上（以防电火花引起煤气爆炸），不得接在电话线的地线上（以防强电窜弱电），也不得接在避雷线的引下线上（以防雷电时反击）。

（18）所有的开关、刀闸、熔丝盒都必须有盖，胶木盖板老化、残缺不全者必须更换，脏污、受潮者必须停电擦抹干净后才能使用。

（19）电源线不要拖放在地面上，以防电源线绊人，并防止损坏绝缘。

（20）电器试用前应对照说明书，将所有开关、按钮都置于原始停机位置，然后按说明书要求的开停顺序操作。如果有运动部件（如摇头风扇），应事先考虑足够的运动空间。

（21）家用电器通电后发现冒火花、冒烟或有烧焦味等异常情况时，应立即停机并切断电源进行检查。

（22）移动家用电器时，一定要切断电源，以防触电。

（23）发热电器周围必须远离易燃物料。电炉子、取暖炉、电熨斗等发热电器不得直接搁在木板上，以免引起火灾。

（24）禁止用湿手接触带电的开关，禁止用湿手拔、插电源插头，拔、插电源插头时手指不得接触插头的金属部分，不能用湿手更换电气元件或灯泡。

（25）对于经常手拿使用的家用电器（如电吹风、电烙铁等），切忌将导线缠绕在手臂上使用。

（26）对于接触人体的家用电器，如电热毯、电油帽、电热鞋等，使用前应通电检查，确保无漏电后再接触人体。

（27）禁止用拖导线的方法来移动家用电器和拔插头。

（28）使用电器时，先插上不带电侧的插座，最后再合上刀闸或插上带电侧插座；停用电器则相反，先拉开带电侧刀闸或拔出带电侧插座，然后再拔出不带电侧的插座（如果需要拔出）。

（29）紧急情况需要切断电源导线时，必须用绝缘电工钳或带绝缘手柄的刀具。

（30）抢救触电者时，首先要断开电源或用木板、绝缘杆挑开电源线，千万不要用手直接拖拉触电者，以免连环触电。

（31）家用电器除电冰箱这类电器外，都要随手关掉电源，特别是电热类电器，要防止长时间发热造成火灾。

（32）严禁使用床头开关。除电热毯外，不要把带电的电气设备引上床，以免靠近睡眠的人体。即使使用电热毯，如果没有必要整夜通电保暖，也建议发热后断电使用，以保安全。

（33）家用电器烧焦、冒烟、着火，必须立即断开电源，切不可用水或泡沫灭火器浇喷。

（34）对室内配线和电气设备要定期进行绝缘检查，发现破损要及时用电工胶布包缠。

（35）在雨季前或长时间不用又重新使用的家用电器，用500 V兆欧表测量其绝缘电阻应不低于1 MΩ，方可认为绝缘良好，可正常使用。如无兆欧表，至少也应用验电笔经常检查有无漏电现象。

（36）对经常使用的电器，应保持其干燥和清洁，不要用汽油、酒精、肥皂水、去污粉等可以腐蚀或导电的液体擦抹家用电器表面。

（37）电器损坏后要请专业人员或送修理店修理，严禁非专业人员在带电情况下打开电器外壳。

3.11　安全用电原则

（1）不靠近高压带电体（室外高压线、变压器），不接触低压带电体。

（2）不用湿手扳开关和插入或拔出插头。

（3）安装、检修电器应穿绝缘鞋，站在绝缘体上，且要切断电源。

（4）禁止用铜丝代替熔丝，禁止用橡皮胶带代替电工绝缘胶布。

（5）在电路中安装触电保护器，并定期检验其灵敏度。

（6）雷雨天时，不要使用收音机、录像机、电视机且应拔出电源插头，拔出电视机天线插头；减少使用电话，如一定要用，可用免提功能。

（7）严禁私拉乱接导线，禁止学生在寝室使用电炉、"热得快"等电器。

（8）不在架设电缆、电线的下面放风筝或进行球类活动。

3.12　其他注意事项

（1）人的安全电压不高于36 V，因此人体接触电压不能超过36 V。

（2）使用试电笔不能接触笔尖的金属部分。

（3）功率大的用电器一定要接地线。

（4）不能用身体连通相线和地线。

（5）使用的用电器总功率不能过高，以免电流过大而引发火灾。

（6）有人触电时不能用身体拉触电者，应立刻关掉总开关，然后用干燥的木棒将人和导线分开。

科学苑3　实验精神

科学实验，是指根据一定目的，运用一定的仪器、设备等物质手段，在人工控制的条件下，观察、研究自然现象及其规律性的社会实践形式。它是获取经验事实和检验科学假说、理论真理性的重要途径。

科学的方法应该包括六个重要步骤。

（1）观察：观察即对事实和事件的详细记录。

（2）定义：对问题进行定义是有确切程序可操作的。

（3）假设：提出假设是对一种事物或一种关系的暂时性解释。

（4）检验：收集证据和检验假设，一方面要能提供假设所需的客观条件，一方面要找到方法来测量相关参数。

（5）发表：发表研究结果，科学信息必须公开透明，真正的科学关注的是解决问题。

（6）建构：即建构理论。孤立的问题无法建立理论，科学的理论是可以被证明的。

科学实验的特点：

（1）科学实验具有纯化观察对象的条件的作用。自然界的对象和现象是处在错综复杂的普遍联系中的，其内部又包含着各种各样的因素。因此，任何一个具体的对象，都是多样性的统一。这种情况带来了认识上的困难，因为对象的某些特性或者是被掩盖了起来，或者受到其他因素的干扰，以致对象的某些特性，或者是人们不容易认识清楚，或者是通常情况下根本就不能察觉到。而在科学实验中，人们则可以利用各种实验手段，对研究对象进行各种人工变革和控制，使其摆脱各种偶然因素的干扰，这样被研究对象的特性就能以纯粹的本来面目而暴露出来。人们就能获得被研究对象在自然状态下难以被观察到的特性。

例如，肉汤腐败这个常见的现象究竟是什么原因引起的？巴斯德认为煮沸的肉汤后来又变质，这是由于空气中的微生物进入肉汤造成的结果。但是，在自然的条件下，肉汤总要接触空气，而空气中又必然会有无数尘埃，尘埃上则携着微生物。所以在自然条件下，要使空气中的微生物不进入肉汤里是不可能的。于是，巴斯德就求助于实验的纯化作用。他设计了一种曲颈瓶，把肉汤注入瓶内并加热杀菌。由于瓶子是曲颈的，它使外界空气中的尘埃很不容易进入瓶内，结果肉汤并不腐败。这就是通过一定的实验手段，排除了空气中的微生物对肉汤的作用，观察到了肉汤在比较纯粹的状态下是不会腐败的。

（2）科学实验具有强化观察对象的条件的作用。在科学实验中，人们可以利用各种实验手段，创造出在地球表面的自然状态下无法出现的或几乎无法出现的特殊条件，如超高温、超高压、超低温、超真空等。在这种强化了的特殊条件下，人们遇到了许多前所未知的在自然状态中不能或不易遇到的新现象，使人们发现了许多具有重大意义的新事实。

例如，人们能通过一定实验手段，造成接近绝对零度的超低温，从而使我们几乎能把所有的气体液化。在这种超低温下，人们也能发现某些材料具有特殊优良的导电性能，即具有无电阻、抗磁等超导态特性。

（3）科学实验具有可重复的性质。在自然条件下发生的现象，往往是一去不复返的，因此无法对其反复观察。在科学实验中，人们可以通过一定实验手段使被观察对象重复出现，这样，既有利于人们长期进行观察研究，又有利于人们进行反复比较观察，对以往的实验结果加以核对。

例如，英国化学家普利斯特列在1774年用聚光镜加热汞的氧化物而分解出一种气体，它比空气的助燃性要强好多倍。普利斯特列把这种气体称为失燃气体。当普利斯特列把这个消息告诉法国化学家拉瓦锡后，拉瓦锡马上动手重复了这个实验，使他终于发现加热氧化汞而分解出来的能助燃的气体不是别的而是氧气。

正是由于科学实验具有这些特点，因此科学实验越来越广泛地被应用，并且在现代科学中占有越来越重要的地位。在现代科学中，人们需要解决的研究课题日益复杂、日益多样，使得科学实验的形式也不断丰富和多样。

第4章　电工技术基础实验

4.1　基尔霍夫定律

姓名：＿＿＿＿＿＿　学号：＿＿＿＿＿＿　专业：＿＿＿＿＿＿＿＿

实验地点：＿＿＿＿＿＿＿＿＿＿　实验时间：＿＿＿＿＿＿＿＿＿

成绩：＿＿＿＿＿＿＿＿＿＿＿＿

实验性质：验证性实验。

4.1.1　实验目的

（1）验证基尔霍夫电流定律，加深对该定律的理解。

（2）验证基尔霍夫电压定律，加深对该定律的理解。

（3）学习利用电压表、电流表测量直流电路电流和电压的方法。

4.1.2　实验原理与预习

（1）写出基尔霍夫电流定律和基尔霍夫电压定律的主要内容。

（2）实验电路如图 4-1 所示。

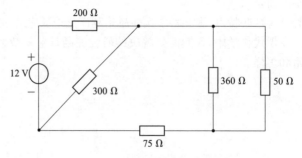

图 4-1　基尔霍夫定律实验电路

（3）根据实验电路列写电路接线表（见表4-1）。（可在电路中适当标注）

表4-1　电路接线表

线号	从	至	导线	线号	从	至	导线

（4）通过附录B，学习数字万用表的使用方法，并完成以下预习思考题。

①如果测量一个支路电流，并应将数字万用表（　　　）。

　A. 串入该支路　　　　B. 并联在该支路两端

②测量电流时，若红色表笔连接电流参考方向出端，黑色表笔连接电流参考方向入端，仪表显示电流值为"－20mA"，记录电流值应为（　　　）。

　A. －20 mA　　　　　B. ＋20 mA

③（　　　）为测量电流时台式万用表的表笔插接图，（　　　）为测量电压时台式万用表的表笔插接图，（　　　）为测量电阻时台式万用表的表笔插接图。

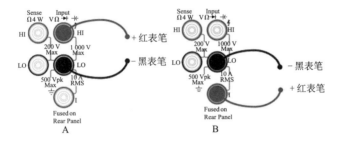

④台式万用表应在（　　　）调整挡位和改换表笔插接。

　A. 测量前　　　　　B. 测量后　　　　　C. 通电前后都可以

⑤计算图4-2、图4-3、图4-4电路中标注出的电压和电流值，保留2位有效数字，并记录在下方。

$I_1 =$（　　　）mA，$I_2 =$（　　　）mA，$I_3 =$（　　　）mA，$I_4 =$（　　　）mA，$I_5 =$（　　　）mA，$I_6 =$（　　　）mA，$I_7 =$（　　　）mA，$U_1 =$（　　　）V，$U_2 =$（　　　）V，$U_3 =$（　　　）V，$U_4 =$（　　　）V，$U_5 =$（　　　）V。

4.1.3　实验器材

根据实验原理列写实验所需器材。

4.1.4 注意事项

（1）只有关闭直流电源的情况下，才能进行线路的连接和改换线路。

（2）连接线路之前，将直流电源电压调至 12 V。

（3）测量各支路直流电流时，应将电流表串联接入被测支路。

（4）测量直流电压时，应将电压表测量表笔并联在被测元件两端。

（5）测量直流电流时，应注意方向，使仪表测量极性与被测电流的参考方向一致，并注意记录测量值的正负。

（6）测量直流电压时，应注意方向，使仪表测量极性与被测电压的参考方向一致，并注意记录测量值的正负。

（7）进行基尔霍夫定律验证的时候，注意测量值的参考方向与正负极性。

4.1.5 实验内容与实验任务

（1）使用电流表（或者万用表直流电流挡），选择合适的量程，测量图 4-2 所示节点 1 和节点 2 所连接支路的电流值 $I_1 \sim I_7$，注意方向，并列表记录。

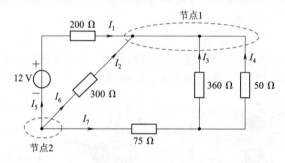

图 4-2 基尔霍夫电流定律实验电路

数据记录：

（2）使用电压表测量图 4-3、图 4-4 所示回路 1 和回路 2 的电压 $U_1 \sim U_5$ 的电压值，注意方向，并列表记录。

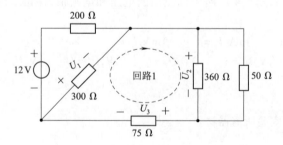

图 4-3 基尔霍夫电压定律实验电路 1

数据记录：

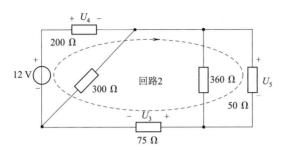

图 4-4　基尔霍夫电压定律实验电路 2

数据记录：

（3）基尔霍夫定律验证：
①节点 1 基尔霍夫电流定律验证。

②节点 2 基尔霍夫电流定律验证。

③回路 1 基尔霍夫电压定律验证。

④回路 2 基尔霍夫电压定律验证。

4.1.6　实验思考题

（1）如果电路是非线性的,基尔霍夫定律还成立吗?

（2）在实验电路中选择一闭合面,验证广义节点满足基尔霍夫电流定律。

(3)根据预习报告理论计算结果,以此为真值,计算 I_1 和 U_1 测量值的相对误差,并分析误差产生的原因。

(4)对交流电路,基尔霍夫定律还适用吗? 请说明原因。

4.1.7　实验心得体会

4.2 叠加原理验证

姓名：_____ 学号：_____ 专业：_____

实验地点：_____ 实验时间：_____

成绩：_____

实验性质:验证性实验。

4.2.1 实验目的

(1)学习电路的搭建及直流仪器仪表的使用方法。

(2)验证叠加原理,加深对线性电路叠加原理的理解。

(3)加深对电压和电流参考方向的理解。

4.2.2 实验原理与预习

(1)写出叠加原理主要内容。

(2)实验电路如图4-5所示。

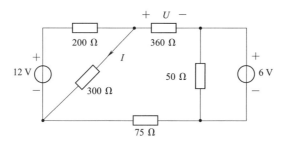

图4-5 叠加原理实验电路

(3)通过附录 A,学习 MF47A 型万用表的使用方法,并完成以下预习思考题。

①MF47A 型万用表测量直流电流时,如果不确定待测电流大小,量程应该选择为( )。

  A. 中间量程　　　　B. 最大量程　　　　C. 最小量程

②使用 MF47A 型万用表测量直流电压、电流,红黑表笔连接时,需要( )。（多选）

  A. 不必关注正负极性　　　　　　　　B. 必须注意正负极性

  C. 测量电压时红表笔接高电位　　　　D. 测量电压时黑表笔接高电位

  E. 测量电流时红表笔应接电流流入端　　F. 测量电流时黑表笔应接电流流入端

③查阅相关资料,了解 MF47A 型万用表测量直流电压、电流时,测量的是( )。

  A. 瞬时值　　　　B. 有效值　　　　C. 平均值

④使用 MF47A 型万用表,测量( )时,需要使用面板右侧中部旋钮调零。

  A. 电压　　　　　　　　　　　　B. 电流

  C. 电阻　　　　　　　　　　　　D. 电容

⑤计算图4-6～图4-8所示电路中标注出的电压和电流值,保留2位有效数字,并记录在下方。

$I =($)mA, $U =($)mA, $I_1 =($)mA, $I_2 =($)mA, $U_1 =($)V, $U_2 =($)V。

4.2.3 实验器材

根据实验原理列写实验所需器材。

4.2.4 注意事项

(1)只有关闭直流电源的情况下,才能进行电路的连接和改换线路。

(2)连接线路之前将直流稳压电源电压调至12 V和6 V。

(3)当一个直流电压源单独作用的时候,另外一个直流电压源应该从电路中撤除,原连接位置短路。

(4)测量各支路直流电流的时候,应将电流表串联接入被测支路。

(5)测量直流电压的时候,应该将电压表测量表笔并联在被测元件两端。

(6)测量直流电流时,应注意方向,使仪表测量极性与被测电流的参考方向一致,并注意记录测量值的正负。

(7)测量直流电压时,应注意方向,使仪表测量极性与被测电压的参考方向一致,并注意记录测量值的正负。

(8)进行叠加原理验证的时候注意测量值的参考方向与正负值。

4.2.5 实验内容与实验任务

(1)搭建图4-6所示实验电路,测量电路的电压 U 与电流 I 并记录实验数据。

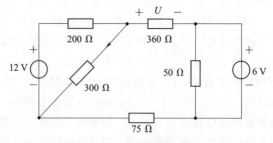

图4-6 叠加原理实验电路1

数据记录:

(2)搭建图4-7所示实验电路,测量电路的电压 U_1 与电流 I_1 并记录实验数据。

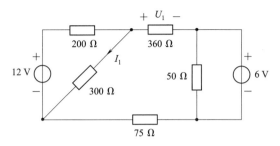

图 4-7 叠加原理实验电路 2

数据记录:

(3)搭建图 4-8 所示实验电路,测量电路的电压 U_2 与电流 I_2 并记录实验数据。

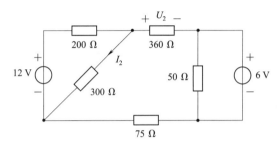

图 4-8 叠加原理实验电路 3

数据记录:

(4)利用测量数据验证叠加原理。

4.2.6 实验思考题

(1)叠加原理中某激励源单独作用指的是什么?

(2)叠加原理成立需要满足的条件是什么? 含有二极管的电路叠加原理还成立吗?

(3)如果一次是两个激励单独作用,叠加原理还成立吗?

(4)计算电路各测量值电压、电流,以此为真值,计算各测量值的相对误差,并分析误差产生的原因。

4.2.7 实验心得体会

4.3　戴维南定理验证

姓名：＿＿＿＿＿＿＿＿　学号：＿＿＿＿＿＿＿＿　专业：＿＿＿＿＿＿＿＿＿＿＿＿

实验地点：＿＿＿＿＿＿＿＿＿＿＿＿＿　实验时间：＿＿＿＿＿＿＿＿＿＿＿＿

成绩：＿＿＿＿＿＿＿＿＿＿＿＿＿＿＿

实验性质：验证性实验。

4.3.1　实验目的

(1)掌握直流仪表及设备的使用方法。

(2)掌握电气接线的一般方法。

(3)通过实验方法建立一个线性有源一端口网络的戴维南等效电路。

(4)加深对戴维南定理及等值概念的理解。

4.3.2　实验原理与预习

(1)写出戴维南定理的主要内容。

(2)实验电路如图4-9所示。

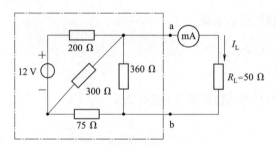

图4-9　戴维南定理实验电路

(3)根据实验电路列写电路接线表(见表4-2)。(可在电路中适当标注)

表4-2　接线表

线号	从	至	导线	线号	从	至	导线

（4）完成以下预习思考题。

①本实验给出了"开路电压－短路电流法"测量戴维南等效电路。请思考或查阅资料,还可以采用什么方法? 如果有,请在下方描述。

②请查阅资料,了解 MF47A 型万用表使用环境温度范围,对使用有什么影响?

③计算图 4-9 所示电路中相关参数,保留 2 位有效数字,并记录在下方。

开路电压 U_{OC} = （   ）V,短路电流 I_{SC} = （   ）mA,负载电流 I_L = （   ）mA,等效内阻 R_{eq} = （   ）Ω。

4.3.3 实验器材

根据实验原理列写实验所需器材。

4.3.4 注意事项

（1）测量时,为了保证测量精度,应注意万用表挡位和量程的更换和选择。

（2）注意接线完成后,在通电前须进行线路检查。

（3）严禁带电接线。

（4）电压源严禁短路。

（5）测量电阻时,应将电阻从电路中脱离后,才可使用万用表电阻挡进行测量。

（6）等效电路实验中等效电阻可由可变电阻代替,在可变电阻未接入电路前将其阻值调整为等效电阻实验计算数值,然后搭建等效电路。

（7）测量各支路直流电流时,应将电流表串联接入被测支路。

（8）测量直流电压时,应将电压表测量表笔并联在被测元件两端。

（9）测量直流电流时,应注意方向,使仪表测量极性与被测电流的参考方向一致,并注意记录测量值的正负。

（10）测量直流电压时,应注意方向,使仪表测量极性与被测电压的参考方向一致,并注意记录测量值的正负。

（11）进行戴维南定理验证时,应注意测量值的参考方向与正负值。

4.3.5 实验内容与实验任务

（1）实验电路如图 4-10 所示，按图 4-10 所示线路接线。

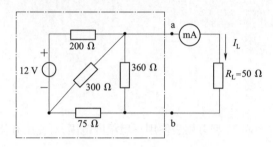

图 4-10　戴维南定理实验电路 1

（2）测出负载电流 I_L。

实验测量数据 $I_L = $ ＿＿＿＿＿＿＿＿＿＿＿＿＿＿＿。

（3）将 R_L 断开，测 ab 两端的开路电压 U_{OC}。

实验测量数据 $U_{OC} = $ ＿＿＿＿＿＿＿＿＿＿＿＿＿＿＿。

（4）将 R_L 短路，测短路电流 I_{SC}。

实验测量数据 $I_{SC} = $ ＿＿＿＿＿＿＿＿＿＿＿＿＿＿＿。

（5）计算端口等效电阻 $R_{eq} = \dfrac{U_{OC}}{I_{SC}}$。

$R_{eq} = $ ＿＿＿＿＿＿＿＿＿＿＿＿＿＿＿。

（6）按图 4-11 接线，使电压源输出电压为 U_{OC}，串联电阻为 R_{eq}（用电位器实现），测出 R_L 中的电流 I_L'，和前面测得负载电流 I_L 相比较。

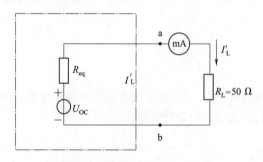

图 4-11　戴维南定理实验电路 2

实验测量数据 $I_L' = $ ＿＿＿＿＿＿＿＿＿＿＿＿＿＿＿。

4.3.6 实验思考题

（1）以计算值为真值，计算相关参数的测量误差。

(2)待求支路的电阻为何值时,此支路才能吸收最大功率。

(3)通常直流电压源不允许短路,电流源不允许开路,为什么?

4.3.7　实验心得体会

4.4 一阶电路

姓名:_____ 学号:_____ 专业:_____

实验地点:_____ 实验时间:_____

成绩:_____

实验性质:验证性实验。

4.4.1 实验目的

(1)测定 RC 一阶电路的零输入响应、零状态响应及全响应。

(2)学习电路时间常数的测定方法。

(3)掌握有关微分电路和积分电路的概念。

(4)进一步学会用示波器测绘图形。

4.4.2 实验原理与预习

(1)实验原理。RC 一阶电路及波形如图 4-12 所示。

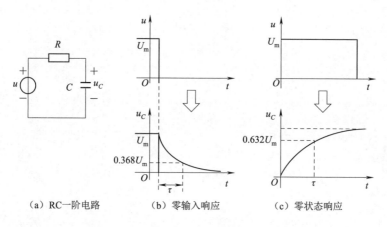

| (a)RC一阶电路 | (b)零输入响应 | (c)零状态响应 |

图 4-12　RC 一阶电路及波形

①一阶线性电路的过渡过程中,电压和电流以指数规律变化,电路类型包括 RC 一阶电路和 RL 一阶电路。由于一般情况下电感中存在电阻,对时间常数较大的电路,需要将数字示波器调至更长的扫描时间,且用单次触发方式。而对于时间常数较小的电路,则可以采用信号发生器以方波激励信号输出给电路,只要方波的周期与时间常数成一定的关系(一般指方波周期远大于时间常数)。

②RC 一阶电路的零输入响应和零状态响应分别按指数规律衰减和增长,其变化的快慢决定于电路的时间常数 τ。

③时间常数 τ 的测定方法。图 4-12(a)所示电路用示波器测得零输入响应的波形如图 4-12(b)所示。根据一阶微分方程的求解可得:

$$u_C = U_\mathrm{m}\mathrm{e}^{-\frac{t}{RC}} = U_\mathrm{m}\mathrm{e}^{-\frac{t}{\tau}}$$

根据公式可知:当 $t=\tau$ 时,$u_c(\tau)=0.368U_\mathrm{m}$,此时所对应的时间就等于 τ,也可用零状态响应波形增长到 $u_c(\tau)=0.632U_\mathrm{m}$ 所对应的时间测得,如图 4-12(c)所示。

④微分电路和积分电路是 RC 一阶电路中较典型的电路,它对电路元件参数和输入信号的周期有特定要求。一个简单的 RC 串联电路,在方波序列脉冲的重复激励下,当满足 $\tau = RC \ll \dfrac{T}{2}$($T$ 为方波脉冲的重复周期),且由 R 端作为响应输出,如图 4-13(a)所示,这就构成了一个微分电路,因为此时电路的输出信号电压与输入信号电压的微分成正比。若将图 4-13(a)中的 R 与 C 位置调换一下,即由 C 端作为响应输出,且当电路参数的选择满足 $\tau = RC \gg \dfrac{T}{2}$ 时,如图 4-13(b)所示,即构成了一个积分电路,因为此时电路的输出信号电压与输入信号电压的积分成正比。

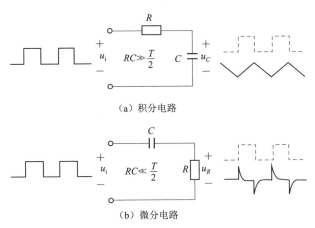

（a）积分电路

（b）微分电路

图 4-13 积分电路与微分电路

从输出波形看,上述两个电路均起着波形变换作用。请按照上述两个电路测量输出电压波形。

(2)学习附录 C 和附录 D,并完成以下预习思考题。

①数字示波器使用时,垂直方向代表的变量是( ),水平方向代表的变量是( )。

 A. 时间   B. 电压

 C. 电流   D. 频率

②数字示波器调整显示出波形最便捷的方法是( )。

 A. 调节时基旋钮

 B. 调节垂直灵敏度旋钮

 C. 按下" AUTO "旋钮

③数字示波器显示连续波形,应该采用的触发方式是( )。

 A. 自动触发   B. 单次触发   C. 普通

④信号发生器可以发出的基本信号有( )。（多选）

 A. 正弦波   B. 方波

 C. 三角波   D. 锯齿波

⑤示波器的探头拨至 10 倍时,示波器探头倍率应该设置为( )。

 A. 1:1   B. 10:1   C. 100:1

⑥测量 RC 电路时,假如电路大概的时间常数为 τ,示波器时基旋钮调节的时间 T 应选择( )。

 A. $T \gg \tau$ B. $T = \tau$

4.4.3　实验器材

根据实验原理列写实验所需器材。

4.4.4　注意事项

(1)测量时,为了保证测量精度,注意示波器灵敏度和时间轴挡位的选取。
(2)注意信号发生器方波频率的选取。
(3)计算时间常数注意加入信号发生器内阻抗。
(4)严禁信号发生器输出端短路。

4.4.5　实验内容与实验任务

(1)搭建如图 4-14 所示电路,调整信号发生器为方波输出,方波高电平设置为 5 V,低电平设置为 0 V。选择合适的周期,使得响应波形显示完整,利用示波器观察输出波形,并绘制输出波形。利用数字示波器的光标线测量功能,测定输入波形下降沿至 u_C 输出电压下降至 $0.368U_{\mathrm{m}}$ 的时间(此时 $U_{\mathrm{m}} = 5$ V),该时间即为时间常数。

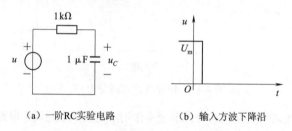

(a)一阶RC实验电路　　　　(b)输入方波下降沿

图 4-14　一阶 RC 电路零输入响应测量时间常数

电阻、电容选择如图 4-14 所示数值,绘制电容电压 u_C 波形。波形图应包含坐标及刻度,并标注 u_C 输出电压下降至 $0.368U_{\mathrm{m}}$ 的数据点。

u_C 波形图:

测定时间常数 $\tau =$ _____ (包含单位)。

$R = 10$ kΩ,$C = 0.1$ μF,测定时间常数 $\tau =$ _____ (包含单位)。

$R = 10$ kΩ,$C = 1$ μF,测定时间常数 $\tau =$ _____ (包含单位)。

$R = 1$ kΩ,$C = 0.1$ μF,测定时间常数 $\tau =$ _____ (包含单位)。

(2)搭建如图 4-15 所示电路,调整信号发生器为方波输出,方波高电平设置为 5 V,低电平设置为 0 V。选择合适的周期,使得响应波形显示完整,利用示波器观察输出波形,并绘制输出波形。利用数字示波器的光标线测量功能,测定输入波形上升沿至 u_C 输出电压上升至 $0.632U_{\mathrm{m}}$ 的时间(此时 $U_{\mathrm{m}} = 5$ V),该时间即为时间常数。

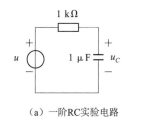 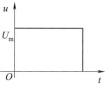

（a）一阶RC实验电路　　　　（b）输入方波上升沿

图 4-15　一阶 RC 电路零输入响应测量时间常数

电阻、电容选择如图 4-15 示数值，绘制电容电压 u_C 波形。波形图应包含坐标及刻度，并标注 u_C 输出电压上升至 $0.632U_m$ 的数据点。

u_C 波形图：

测定时间常数 $\tau =$ _____（包含单位）。

$R = 10\ \text{k}\Omega$，$C = 0.1\ \mu\text{F}$，测定时间常数 $\tau =$ _____（包含单位）。

$R = 10\ \text{k}\Omega$，$C = 1\ \mu\text{F}$，测定时间常数 $\tau =$ _____（包含单位）。

$R = 1\ \text{k}\Omega$，$C = 0.1\ \mu\text{F}$，测定时间常数 $\tau =$ _____（包含单位）。

总结时间常数和电阻、电容之间的关系：

_____

_____

（3）观察积分电路波形。搭建如图 4-16 所示电路，$R = 1\ \text{k}\Omega$，$C = 1\ \mu\text{F}$，调整信号发生器为方波输出，方波高电平设置为 5 V，低电平设置为 0 V。示波器选择合适的扫描周期，使得输出波形显示为近似三角波，利用示波器观察输出波形，并绘制输出波形。

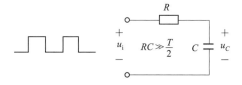

图 4-16　一阶 RC 电路积分电路输出波形

绘制输入电压 u_i 和电容电压 u_C 波形，两个波形上下排列，时间轴对齐，波形图应包含三个周期，波形图应包含坐标及刻度。

$u_i u_C$ 波形图：

此时示波器扫描周期为＿＿＿＿＿＿＿＿＿＿＿（包含单位）。

(4)观察微分电路波形。搭建如图4-17所示电路，$R = 1\ \text{k}\Omega$，$C = 1\ \mu\text{F}$，调整信号发生器为方波输出，方波高电平设置为5 V，低电平设置为0 V。示波器选择合适的扫描周期，使得输出波形显示为近似冲击波形，利用示波器观察输出波形，并绘制输出波形。

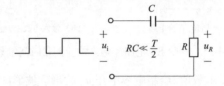

图4-17　一阶RC电路微分电路

绘制输入电压 u_i 和电容电压 u_C 波形，两个波形上下排列，时间轴对齐，波形图应包含三个周期，坐标及刻度，波形。

u_C 波形图：

4.4.6　实验思考题

(1)将测定的时间常数 τ 与理论值做对比，计算相对误差，并分析误差产生的原因。

(2)测量微分电路输出波形时，示波器扫描周期选择过大或者过小，波形如何变化？分别绘制出来。

(3)测量积分电路输出波形时，示波器扫描周期选择过大或者过小，波形如何变化？分别绘制出来。

4.4.7　实验心得体会

4.5 正弦交流电路元件参数的测定

姓名：_____ 学号：_____ 专业：_____

实验地点：_____ 实验时间：_____

成绩：_____

实验性质：验证性实验。

4.5.1 实验目的

(1)学习正确使用交流电压表、交流电流表、交流功率表、调压器使用方法。

(2)掌握使用上述仪表测量交流电路 R、L、C 元件参数的方法。

(3)加深理解电感线圈的阻抗性质和它在交流电路中的作用。

(4)加深对阻抗、阻抗三角形、相位差等基本概念的感性认识。

4.5.2 实验原理与预习

(1)实验原理：

①在交流电路中,元件的阻抗值,可用交流电压表、交流电流表和功率表分别测出元件两端的电压 U,流过元件的电流 I 和它所消耗的有功功率 P 之后再通过计算得出,其关系式如下：

阻抗的模：$|Z| = \dfrac{U}{I}$。

功率因数：$\cos \varphi = \dfrac{P}{IU}$。

等效电阻：$R = \dfrac{P}{I^2} = |Z| \cos \varphi$。

等效电抗：$X = |Z| \sin \varphi$。

这种测量方法需要交流电压表、交流电流表和功率表三块仪表进行测量,简称三表法,它是测量交流阻抗的基本方法。

②本实验所用交流电由自耦调压器供给,其输出电压可调,将被测元件的电压和电流都控制在额定值之内。

③本实验所测电压采用万用表的交流电压挡,其内阻比一般电动系电压表高,接入后被测电路的状态影响较小,可得到较为准确的测量结果。

(2)学习附录G,并完成以下预习思考题。

①交流电压表、交流电流表测量的是(   )。

 A. 瞬时值 B. 有效值 C. 平均值

②电工技术综合实验台综合功率表可以测量(   )。

 A. 交流电压 B. 交流电流 C. 交流功率

③当功率表测量电容功率的时候,会(   )。

 A. 显示非零数值 B. 显示零

④电阻、电容和电感串联电路总电压有效值(   )每个元件电压有效值之和。

 A. 等于   B. 不等于

⑤试给出用功率表、电压表、电流表测量电感元件电阻、电感参数的过程。

4.5.3　实验设备

(1)大功率电阻:200 Ω,200 W。

(2)空心电感:1 H,0.15 A。

(3)电容:10 μF,630 V。

(4)数字万用表。

(5)交流数字电流表。

(6)交流功率表。

4.5.4　注意事项

(1)测量时,为了保证测量精度,应注意万用表挡位、量程的更换和选择。

(2)接线完成后,在通电前须进行线路检查。

(3)严禁带电接线。

(4)电源严禁短路。

(5)单相调压器使用之前,先把电压调节手轮调在零位,接通电源后再从零位开始逐渐升压。做完每一项实验之后,随手把调压器调回零位,然后断开电源。

(6)测试电路的电流必须控制在被测元件的额定电流之内,特别要注意功率表的电流、电压不得超过其量程。

(7)本实验中电源电压较高,必须严格遵守安全操作规程,身体不要接触带电部位,以保证安全。

4.5.5　实验内容与实验任务

(1)实验电路如图 4-18 所示,图 4-18 中 R、L、C 均为拟测元件。

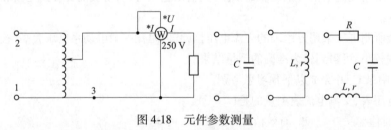

图 4-18　元件参数测量

(2)按图 4-18 接线,测定大功率电阻 R 的阻值。其方法是:接通电源调压器,在三个不同电压下测量电流 I 及功率 P,分别根据 $R = \dfrac{U}{I}$ 及 $R = \dfrac{P}{I^2}$ 计算电阻的阻值,并加以比较。为获得较准确的结果,可取三次测量结果的平均值。将测量的数据记入表 4-3 中。

表4-3 电阻负载测量数据

负载	参数	1	2	3	平均值
R	U/V	50	100	150	—
	I/A				
	P/W				
	$R = \dfrac{U}{I}/\Omega$				
	$R = \dfrac{P}{I^2}/\Omega$				

(3)将图4-18中的电阻R换成电容C,调节调压器,在三个不同的电压下,测出电流I及功率P,分别计算出电容C后取平均值。将测量的数据记入表4-4中。

表4-4 电容负载测量数据

负载	参数	1	2	3	平均值
C	U/V	50	100	150	—
	I/A				—
	P/W				—
	$C/\mu F$				

(4)将被测元件换为电感线圈,在三个不同的电流下,测出电压U及功率P,分别计算出线圈的电阻r、电感L以及功率因数,并取平均值。将测量的数据记入表4-5中。

表4-5 电感负载测量数据

负载	参数	1	2	3	平均值
L	U/V				—
	I/A	0.1	0.12	0.15	—
	P/W				—
	$r = \dfrac{P}{I^2}/\Omega$				
	$L = \sqrt{z^2 - r^2}/2\pi f$				
	$\cos\varphi = P/UI$				—

(5)将被测元件换为R、L、C串联电路,在三个不同电流下,分别测量各元件上的电压、功率,计算电路阻抗及功率因数(见表4-6)。

表 4-6　电阻、电容和电感负载测量数据

负载	参数	1	2	3	平均值
$R \backslash L \backslash C$	U/V				—
	U_R/V				—
	U_L/V				—
	U_C/V				—
	P/W				—
	I/A	0.1	0.12	0.15	—
	$Z = \dfrac{U}{I}/\Omega$				
	$\cos \varphi = P/UI$				

　　根据所测数据及计算结果,画出阻抗三角形、电压三角形、功率三角形,并比较 X_L 和 X_C,判定该串联电路的性质(感性或容性)。

4.5.6　实验思考题

(1)画出电感线圈及电阻、电容、电感串联电路的相量图。

(2)分析实验误差原因。

4.5.7　实验心得体会

4.6 荧光灯电路功率因数的提高

姓名：＿＿＿＿＿＿＿ 学号：＿＿＿＿＿＿ 专业：＿＿＿＿＿＿＿＿＿＿

实验地点：＿＿＿＿＿＿＿＿＿＿＿＿ 实验时间：＿＿＿＿＿＿＿＿＿＿＿

成绩：＿＿＿＿＿＿＿＿＿＿＿＿＿＿

实验性质:验证性实验。

4.6.1 实验目的

(1)了解荧光灯电路及其接线。

(2)加深理解交流感性电路通过并联电容器提高功率因数的原理和方法。

4.6.2 实验原理与预习

(1)在交流电路中,负载吸收功率 $P = UI\cos\varphi$。

在工业生产和日常生活中,大部分是电机等感性负载,功率因数很低,电源利用效率不高,此时通常采用在负载端并联电容器的方法来提高功率因数,以流过电容器的电容性电流补偿原负载中的电阻性电流,而负载中消耗的有功功率不变,同时减少了线路的无功分量,减少了输电线路中的总电流,达到降低线路电压损失和功率损耗的目的,从而提高电源设备的利用率和输电效率。

(2)荧光灯电路如图 4-19 所示,荧光灯相当于一个阻性负载,镇流器相当于一个铁芯线圈,因此整个荧光灯电路相当于一个电阻和一个电感串联的电感性负载电路。电路的功率因数为

$$\cos\varphi = \frac{P}{UI}$$

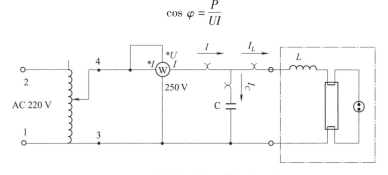

图 4-19 荧光灯功率因数提高电路

(3)并联电容器提高荧光灯功率因数。并联电容器逐渐增加电容量时,电路的总电流将下降,这是由于电路的总电流 I 是荧光灯电流 I_L 和并联电容器电流 I_C 的矢量和,即 $\dot{I} = \dot{I}_C + \dot{I}_L$,因为电容器吸收的容性无功电流抵消了一部分荧光灯的感性无功电流,因此总电流下降,使得电路的功率因数得到提高,电容量逐渐增加到一定值,总电流下降到最小值,此时电路的功率因数接近于1,但不等于1,这是因为荧光灯是非线性负载,电流发生非正弦畸变,产生了谐波电流。而电容器是线性的,它只能补偿荧光灯的基波分量,谐波分量并没有得到补偿,所以功率因数无法提高到1,若继续增加电容量,总电流将会再上升。

(4)本实验以自耦调压器作为电源,随时可调节其输出电压,以保持负载端电压 AC 220 V 不变。观察荧光灯电路,在并联电容量在从零开始逐渐增加时负载电流、电容电流和总电流及负载功率变化的情况。

（5）完成以下预习思考题。

①为了提高电感性负载的功率因数,通常采用的做法是( )。

    A. 在电感性负载两端并联电容   B. 在电感性负载支路串联电容

②为提高电感性负载,应用的电容量提高功率因数,则( )。

    A. 并联电容量越大越好   B. 并联电容量适当最好

③本实验中,根据理论计算,随着电容量的增加,则功率因数( )。

    A. 一直增加   B. 先增加后减小   C. 先减小后增加

4.6.3　实验器材

（1）三相可调交流电源。

（2）电容箱:1～10 μF。

（3）荧光灯:40 W。

（4）交流数字电压表。

（5）交流数字电流表。

（6）交流功率表。

（7）电流插孔。

4.6.4　注意事项

（1）测量时,为了保证测量精度,注意功率表的量程选择。

（2）接线完成后,在通电前须进行线路检查。

（3）更换电容时,必须首先切断电源,严禁带电接线。

（4）自耦调压器使用之前,先把电压调节手轮调在零位,接通电源后再从零位开始逐渐升压。每次接电前必须把调压器调回零位。

（5）本实验中电源电压较高,必须严格遵守安全操作规程,身体不要接触带电部位,以保证安全。

（6）使用电容时,注意将电容开关打到接通状态。

4.6.5　实验内容与实验任务

（1）按图4-19所示接线(注意不要漏接其中的三个电流插孔)。将实验结果记录在表4-7 中。

表4-7　实验结果记录表

$C/\mu F$	P/W	U/V	I/A	I_C/A	I_L/A	$\cos\varphi$
0						
1						
2						
3						
4						
5						

续上表

$C/\mu F$	P/W	U/V	I/A	I_C/A	I_L/A	$\cos\varphi$
6						
7						
8						
9						
10						

（2）首先使并联电容器电容量为零（电容器支路断开），接通电源后逐渐调大自耦调压器电压，直到电路中电压表指示的电压达到 AC 220 V（注意：在调高电压过程中如发现仪表发生异常，应立即切断电源，检查电路故障）。

（3）测量并记录电源电压、功率和各支路电流，将数据填入表4-7中。

（4）并联 1 μF 电容，测量并记录步骤（3）中各数据并填表。

（5）逐次增加电容器的电容至 2 μF、3 μF……10 μF，重复步骤（3）。

（6）根据记录数据，计算电路总功率因数 $\cos\varphi$。

4.6.6　实验思考题

（1）并联电容器以后，总电流减小，但电容超过一定数值后，总电流又上升，这是什么原因？电路的性质有什么变化？

（2）当改变电容器的电容值的时候，功率表的读数以及荧光灯支路的电流是否变化？为什么？

（3）作出 $\cos\varphi = f(C)$ 的曲线，并画出功率因数最大时电路的相量图。

4.6.7　实验心得体会

4.7　三相电路

姓名:_____　学号:_____　专业:_____

实验地点:_____　实验时间:_____

成绩:_____

实验性质:验证性实验。

4.7.1　实验目的

(1)学会使用简单的相序指示器确定电源相序。

(2)研究三相负载作星形连接和三角形连接时,在对称和不对称两种情况下,线电压和相电压,线电流和相电流的关系。

(3)研究三相负载作星形连接时中性线的作用。

4.7.2　实验原理与预习

(1)三相电源中,各相电压经过同一值(例如零值)的先后次序称为三相电源的相序。确定电源相序的最简单的相序指示器如图4-20所示。由两个相同的指示灯和一个电容器接成星形后接到三相电源上,适当选择指示灯和电容参数,可以发现两指示灯一明一暗。假设电容器所在的那一相为 A 相,则灯泡较亮的为 B 相,较暗的为 C 相。

(2)三相负载有星形连接和三角形连接两种方式。在星形连接中,按有无中性线又可分为三相三线制和三相四线制。

在对称三相电路中,根据理论分析可知:在星形连接时,$U_L = \sqrt{3} U_P$,$I_L = I_P$;在三角形连接时,$U_L = U_P$,$I_L = \sqrt{3} I_P$。

在负载不对称时,星形连接常采用三相四线制。因为不对称三相负载接成星形,又不接中性线,则由于负载端电压中中性点的位移造成各相电压不对称,严重时会使负载不能正常工作,遭受损坏。所以在不对称三相电路中,中性线有其重要作用,它可以保证各相负载电压对称。

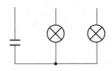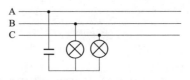

图 4-20　相序指示器

(3)完成以下思考题。

①三相负载星形连接时,线电压是(　　　),相电压是(　　　)。

　A. 相线之间的电压,相线与中性线之间的电压

　B. 相线之间的电压,相线之间的电压

　C. 相线与中性线之间的电压,相线与中性线之间的电压

　D. 相线与中性线之间的电压,相线之间的电压

②三相对称电源,三相负载星形连接时,关于中性线说法正确的是(　　　)。

　A. 当负载不对称时,可以去掉中性线

　B. 当负载不对称时,无中性线时,各相负载电压有效值相等

C. 负载对称时,中性线电流为零

D. 负载对称时,各相负载电压有效值和相位都相等

③三相对称电源,三相对称负载星形连接时,线电流、相电流大小和相位关系是(　　)。

A. 线电流有效值是相电流的$\sqrt{3}$倍,线电流滞后对应的相电流30°相位角

B. 相电流有效值是线电流的$\sqrt{3}$倍,线电流滞后对应的相电流30°相位角

C. 线电流有效值是相电流的$\sqrt{3}$倍,线电流超前对应的相电流30°相位角

D. 线电流和相电流大小相等,线电流超前对应的相电流30°相位角

④三相对称电源,三相对称负载三角形连接时线电压与相电流有效值关系为(　　)。

A. 线电压有效值是相电压有效值的倍

B. 线电压有效值和相电压有效值相等

C. 线电压有效值是相电压有效值的倍

⑤三相对称电源,三相不对称负载三角形连接时,(　　)。

A. 三相负载电压不对称

B. 三相负载电压对称

C. 三相负载电流对称

4.7.3　实验器材

(1)大功率电阻:200 Ω,200 W。

(2)空心电感:1 H,0.15 A。

(3)电容:10 μF,630 V。

(4)数字万用表。

(5)交流数字电流表。

(6)功率表。

(7)交流数字电压表。

(8)自耦调压器。

4.7.4　注意事项

(1)测量时,为了保证测量精度,注意万用表挡位和量程的更换和选择。

(2)注意接线完成后,在通电前须进行线路检查。

(3)严禁带电接线。

(4)电压源严禁短路。

(5)调压器使用之前,先把电压调节手轮调在零位,接通电源后再从零位开始逐渐升压。做完每一项实验之后,随手把调压器调回零位,然后断开电源。

(6)测试电路的电流必须控制在被测元件的额定电流之内,特别要注意功率表的电流、电压均不得超过其量程。

(7)本实验中电源电压较高,必须严格遵守安全操作规程,身体不要接触带电部位,以保证安全。

4.7.5　实验内容与实验任务

(1)利用相序指示器测定三相电源的相序,并记录观察结果。

相序指示器实验观察结果：

（2）按照图 4-21 连线，将三相负载接成星形，然后按下列顺序分别测量电路中各相电流、线电流、相电压、线电压，将测量结果记录在表 4-8 中。

① 对称负载，有中性线。

② 对称负载，无中性线。

③ 不对称负载，有中性线。

④ 不对称负载，无中性线。

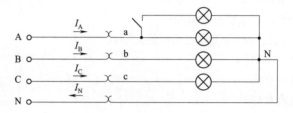

图 4-21　测量电路 1

表 4-8　测量结果 1

项目		负载对称		负载不对称	
		有中性线	无中性线	有中性线	无中性线
线电压	U_{ab}/V				
	U_{bc}/V				
	U_{ca}/V				
相电压	U_a/V				
	U_b/V				
	U_c/V				
电流	I_A/A				
	I_B/A				
	I_C/A				
	I_N/A				
电灯亮度（是否相同）					

（3）按照图 4-22 接线，将负载按三角形连接，然后按下列顺序分别测量电路中各相电流、线电流及线电压，将测量结果记录在表 4-9 中。

① 对称负载。

② 不对称负载。

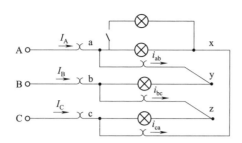

图 4-22 测量电路 2

表 4-9 测量结果 2

负载情况	U_{AB}/V	U_{BC}/V	U_{CA}/V	I_A/A	I_B/A	I_C/A	I_{AB}/A	I_{BC}/A	I_{CA}/A	电灯亮度
对称负载										
不对称负载										

4.7.6 实验思考题

回答中性线在星形负载连接中所起的作用。

4.7.7 实验心得体会

4.8　笼型异步电动机的继电器-接触器控制

姓名:＿＿＿＿＿＿＿＿＿　学号:＿＿＿＿＿＿＿＿　专业:＿＿＿＿＿＿＿＿＿＿＿＿＿＿
实验地点:＿＿＿＿＿＿＿＿＿＿＿＿＿＿　实验时间:＿＿＿＿＿＿＿＿＿＿＿＿
成绩:＿＿＿＿＿＿＿＿＿＿＿＿
实验性质:验证性实验。

4.8.1　实验目的

(1)了解交流接触器、按钮等控制电器的结构、原理和使用方法。
(2)能较熟练地连接异步电动机的各类控制线路。
(3)明确正反转控制线路中电气联锁的重要性。

4.8.2　实验原理与预习

(1)继电器-接触器控制又称有触点控制,适用于对电动机的起动、制动、停止、正反转及调速,使生产机械按既定的顺序动作,同时也能对生产机械和电动机实行保护。

(2)控制线路原理图中所有电气触点都处于静态位置,即电器没有任何动作时所处的位置。

(3)由异步电动机的工作原理可知,要使它反向旋转只需对调定子通往电源三根线中的任意两根,以改变定子电流的相序即可。为此,要对异步电动机实现正反转控制,需要两只接触器就能组成控制电路。

(4)完成以下思考题。

①实现三相笼型异步电动机正反转的一般方法是(　　)。
　A. 调换任意两根三相电源线
　B. 调换三根电源线
　C. 改变三相笼型异步电动机结构
　D. 改变三相电源电压值

②下列说法错误的是(　　)。
　A. 热继电器主要用于短路保护
　B. 熔断器可以用于过载保护
　C. 断路器可以用于短路、过电流和过电压保护
　D. 交流接触器可以实现欠电压保护

③为实现三相异步电动机长动控制(　　)。
　A. 应在起动按钮两端并联交流接触常开辅助触点
　B. 应在起动按钮支路串联交流接触常开辅助触点
　C. 应在起动按钮两端并联交流接触常闭辅助触点
　D. 应在起动按钮支路串联交流接触常闭辅助触点

④为实现三相异步电动机正反转控制,关于"互锁"错误的是(　　)。
　A. 可以采用机械互锁,也可以采用电子互锁
　B. 互锁的目的是实现正转回路和反转回路不会同时闭合,从而避免短路
　C."互锁"应采用常闭触点串联在对面回路里
　D."互锁"应采用常开触点并联在对面回路里

⑤交流接触器辅助触点不能用于通断大电流交流主回路,是因为(　　)。

    A. 辅助触点额定电流较小,不能用于大电流的主回路控制

    B. 辅助触点额定电压较小,不能用于高电压的主回路控制

    C. 辅助触点的寿命短,不能用于主回路控制

4.8.3　实验器材

(1)三相四线制交流电源,线电压380 V。

(2)三相笼型异步电动机。

(3)继电器-控制器实验板。

4.8.4　注意事项

(1)根据电动机和电器上的铭牌数据,正确连接电动机的绕组电压。

(2)防止电动机缺相起动和运行。

(3)连接或拆除电路都应该先断开电源,以防触电。

4.8.5　实验内容与实验任务

1. 异步电动机单方向起停的控制

(1)点动控制。按图4-23左图连接线路(图中KM是接触器),经检查无误后,进行"点动"控制操作,即按下按钮,电动机转动;松开按钮,电动机停止。

要求:

①接线时要按一定次序连接,例如:主电路由三相电动机绕组→接触器主触点→三闸刀→三相电源,然后再接控制线路。按钮将与接触器线圈KM串联后接入电源任意两根相线。

②起动不要太频繁。

(2)将继电器-接触器线路接成"自锁"状态。

按图4-23右图连接线路,SB_1为停止按钮,SB_2为起动按钮。经检查无误后,打开电源开关。

按下起动按钮SB_1,电动机起动运行;当按下停止按钮SB_2后,电动机停止转动,同时观察接触器的动作。

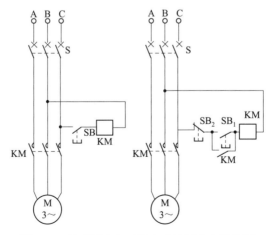

图4-23　笼型异步电动机电动控制和自锁控制

实验现象:

2. 正反转控制电路

按图 4-24 接好线路,经检查无误后闭合电源开关 S,按下 SB₁ 按钮使电动机运行,观察电动机转向,并有意误按 SB₂ 看是否起作用。

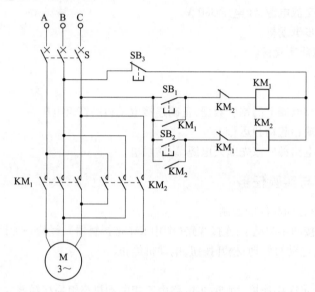

图 4-24　正反转控制电路

按下 SB₃ 按钮使电动机完全停转后,再按下 SB₂,看电动机的转向。

最后按下 SB₃ 按钮停车,断开电源开关 S。

实验现象:

4.8.6　实验思考题

(1)交流接触器线圈额定电压为 220 V,若误接到 380 V 电源上,会产生什么后果?

(2)读图 4-24,说明 SB₁ 两端并联的动合辅助触点 KM₁ 的作用是什么?

4.8.7　实验心得体会

科学苑4　欧姆和欧姆定律

乔治·西蒙·欧姆(Georg Simon Ohm,1789—1854年),德国物理学家。

欧姆出生于德国埃尔朗根的一个锁匠世家,父亲乔安·渥夫甘·欧姆是一位锁匠,母亲玛莉亚·伊丽莎白·贝克是埃尔朗根的裁缝师之女。虽然欧姆的父母亲从未受过正规教育,但是他的父亲是一位受人尊敬的人,高水平的自学程度足以让他给孩子们出色的教育。欧姆的一些兄弟姊妹们在幼年时期死亡,只有三个孩子存活下来,这三个孩子分别是他、后来成为著名数学家的弟弟马丁·欧姆(Martin Ohm,1792—1872年)和他的姊姊伊丽莎白·芭芭拉。他的母亲在他十岁的时候就去世了。

从1820年起,他开始研究电磁学。欧姆的研究工作是在十分困难的条件下进行的。他不仅要忙于教学工作,而且图书资料和仪器都很缺乏,他只能利用业余时间,自己动手设计和制造仪器来进行有关的实验。

1826年,欧姆发现了电学上的一个重要定律——欧姆定律,这是他最大的贡献。定律的发现过程却并非如一般人想象的那么简单。欧姆为此付出了大量的劳动。在那个年代,人们对电流、电压、电阻等概念都还不大清楚,特别是电阻的概念还没有,当然也就根本谈不上对它们进行精确测量了;况且欧姆本人在他的研究过程中,也几乎没有机会跟他那个时代的物理学家进行接触,他的这一发现是独立进行的。欧姆独创地运用库仑的方法制造了电流扭力秤,用来测量电流,引入和定义了电动势、电流和电阻的精确概念。

欧姆定律及其公式的发现,给电学的计算带来了很大的方便。人们为纪念他,将电阻的单位定为欧姆(简称"欧",符号为 Ω)。

附录 A MF47A 型万用表

万用表是电工测量中最常用的仪表,而指针万用表具有测量功能多、可靠性高、环境适应性好、价格低廉等优点,因此下面以最常用的 MF47A 型万用表为例说明一下指针万用表的使用方法。

A.1 基本组成及主要参数

MF47A 型万用表外形如图 A-1 所示,仪表包括自锁式支架、刻度盘、电阻调零旋钮、挡位开关、测量表笔插孔等几个部分。

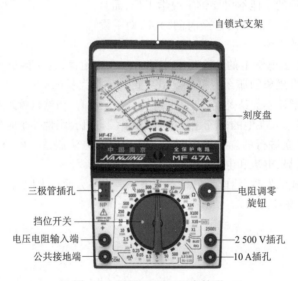

图 A-1 MF47A 型万用表外形

MF47A 型万用表典型参数见表 A-1,表中列出了各测量功能的量程范围、灵敏度及电压降、精度、误差表示方法等参数,使用时应注意这些参数对测量结果的影响。

表 A-1 MF47A 型万用表典型参数

量限范围		灵敏度及电压降	精度	误差表示方法
直流电流 DCA	0 - 0.05 mA - 0.5 mA - 5 mA - 50 mA - 500 mA	0.25 V	2.5	以表示值的百分数计算
	10 A		5	
直流电压 DCV	0 - 0.25 V - 1 V - 2.5 V - 10 V - 50 V	20 kΩ	2.5	
	250 V - 500 V - 1 000 V - 2 500 V	9 kΩ		
交流电压 ACV	0 - 10 V - 50 V - 250 V - 500 V - 1 000 V - 2 500 V		5	
直流电阻(Ω)	R×1、R×10、R×100、R×1k、R×10k、R×100k	中心值 16.5	10	

续上表

量限范围		灵敏度及电压降	精度	误差表示方法
通路蜂鸣	R×3(参考值)	低于10 Ω时蜂鸣器工作		
电容测量 C(μF)	C×0.1、C×1、C×10、C×100、C×1k、C×10k			
LI检测(mA)	100 mA – 10 mA – 1 mA – 100 μA			
LV检测(V)	R×1~R×1k	负载电压:0~1.5 V		
	R×10k	负载电压:0~10.5 V		
晶体管直流放大倍数hFE	0~1 000	测量条件:R×100k		
红外遥控器发射信号检测	垂直角度±15° 距离1~30 cm	红色发光管指示 (点亮)		
电池电量测量BATT	1.2 V、1.5 V、2 V、3 V、3.6 V	负载电阻 $R_L = 8 ~ 12 Ω$		
音频电平(dB)	–10 ~ +22 dB	标准: 0 dB = 1 mW/600 Ω		
标准电阻箱 (Ω)	0.025 – 0.5 – 5 – 50 – 500 – 5k – 20k – 50k – 200k – 1M – 2.25M – 4.5M – 9M – 22.5M	误差:±1.5%		
测电笔	红色发光管指示(点亮、220 V交流检测)			

A.2 基本操作

A.2.1 使用前检查

万用表使用前应仔细检查万用表表体和表笔,确认表体和表笔完好,如有破损,禁止使用。另外,在使用前应检查指针是否在机械零位上,如不在零位,可旋转表盖上的调零器使指针指示在表的零位上。然后将红黑表笔插头分别插入"+""–"插孔中,如测量接近交直流2 500 V或10 A时,红表笔插头则应分别插到标有"2 500 V"或"10 A"的插孔中。

A.2.2 直流电流测量

测量0.05~500 mA电流时,转动开关至所需的电流挡。测量10 A时电流,应将红表笔插头"+"插入10 A插孔中,转动开关可放在500 mA直流电流量限上,而后将测试笔串联于被测电路中。测量时应将红黑表笔串联在待测支路中,并使电流从红色表笔流入,黑色表笔流出,这样指针才能正向偏转。同时将挡位旋钮调至直流电流挡合适挡位,挡位选择应略大于待测电流。如图 A-2

所示,选择50 mA电流挡,读数时,应读取满偏为50的刻度线,图A-2中电流读数约为35.2 mA。

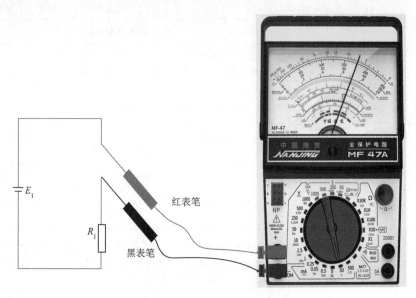

图A-2　指针万用表直流电流测量连接

A.2.3　直流电压测量

测量交流10~1 000 V或直流0.25~1 000 V时,转动开关至所需电压挡。测量交直流2 500 V时,开关应分别旋转至交直流1 000 V位置上,而后将测试笔跨接于被测电路两端。

测量直流电压时,应将挡位旋钮调至直流电压挡合适挡位,挡位选择应略大于待测电压。测量时红表笔应接高电位点,黑表笔应接低电位点。如图A-3所示,挡位旋钮调至10 V直流电压挡,则读数应读取满偏为10的刻度线,图中示数应为8.65 V。

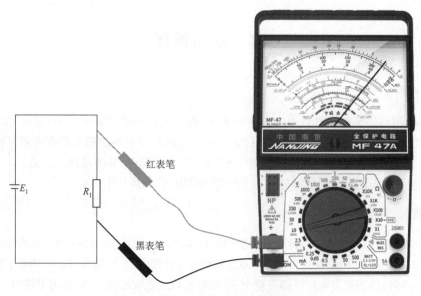

图A-3　指针万用表直流电压测量连接

A.2.4 交流电压测量

测量交流 1 000 V 以下电压时,应将红表笔插入万用表"+"插孔;当测量交流 1 000 ~ 2 500 V之间的电压时,应将红表笔插入万用表"2 500 V"插孔。然后将挡位旋钮调至交流电压挡合适挡位,挡位选择应略大于待测电压。测量时红黑表笔应并联在待测元件两端,由于是测量交流信号,因此红黑表笔不需要区分极性。如图 A-4 所示,挡位旋钮调至了 250 V 直流电压挡,则读数应读取满偏为 250 的刻度线,图中示数应为 218V。

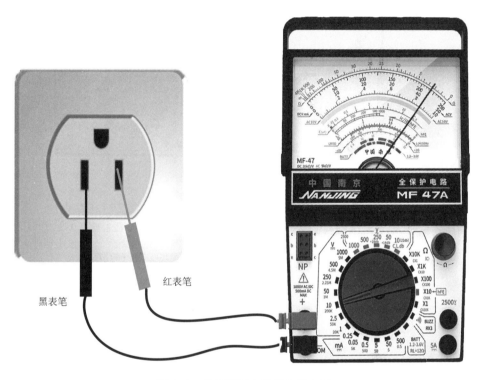

图 A-4　指针万用表测量交流电压

A.2.5 直流电阻测量

测量电阻的流程包括:

(1)首先确认万用表已安装电池并确保电池有电。需要安装电池时,打开万用表后电池仓盖,安装 R14 型 2# 1.5 V 电池和6F22 型 9 V 电池各一只。

(2)调零。转动调挡旋钮至所需测量电阻挡,首先将红黑表笔两端短接进行"调零",调整欧姆旋钮,使指针对准欧姆"0"位上,如图 A-5 所示。

(3)将电阻从电路中分离出来后,用万用表红黑表笔与待测电阻两端紧密连接,如图 A-6 所示,万用表电阻挡调至 R×1k 挡,按最上面刻度不均匀的电阻刻度线读数,测量值应为 26×1 kΩ = 26 kΩ。

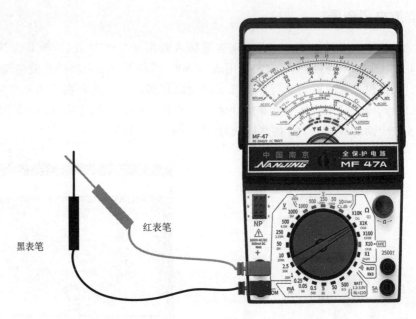

图 A-5　指针万用表电阻挡调零

注意：当 R×1 挡不能调至零位或蜂鸣器不能正常工作时，请更换 2# 1.5 V 电池。当 R×10k 挡不能调至零位时，或者红外线检测发光二极管亮度不足时，请更换 6F22 型 9 V 电池。

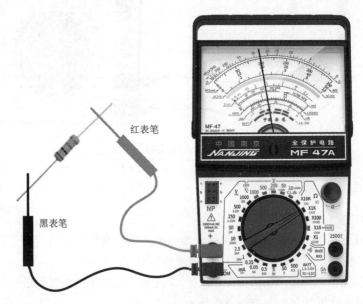

图 A-6　指针万用表测量电阻

A.2.6　电容测量

首先将开关旋转至被测电容容量大约范围的挡位上（见表 A-2），红黑表笔处于断开状态，用 0Ω 调零电位器校准调零。被测电容接在表笔两端，指针摆动的最大指示值即为该电容电量。随后指针将逐步退回，指针停止位置即为该电容的品质因数（损耗电阻）。

注意：

（1）每次测量后应将电容彻底放电后再进行测量，否则测量误差将增大。

（2）有极性电容应按正确极性接入（红表笔接正极，黑表笔接负极），否则测量误差及损耗电阻将增大。

如图 A-7 所示，读取电容刻度线指针对应值，为 10 μF。

表 A-2　MF47 型万用表电容挡测量范围

电容挡位 C/μF	C×1	C×10	C×100	C×1k	C×10k
测量范围/μF	0.1～10	1～100	10～1 000	100～10 000	1 000～100 000

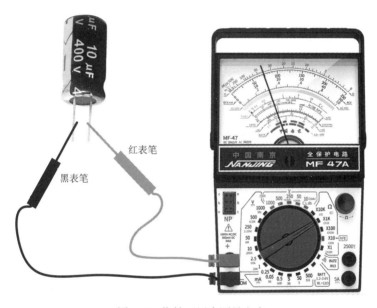

图 A-7　指针万用表测量电容

A.2.7　三极管放大倍数测量

转动开关至 R×10(hFE)处，首先与欧姆挡调零方法相同进行调零，然后将 NPN 或 PNP 型三极管对应插入三极管 N 或 P 孔内，指针指示值即为该管直流放大倍数。如指针偏转指示大于 1 000，应首先检查：(1)是否插错引脚；(2)三极管是否损坏。

A.2.8　电池电量测量

使用 BATT 刻度线，该挡位可供测量 1.2～3.6 V 的各类电池（不包括纽扣电池）电量。负载电阻 $R_L = 8～12\ \Omega$。测量时，将电池按正确极性搭在两根表笔上，观察表盘上 BATT 对应刻度，分别为 1.2 V、1.5 V、2 V、3 V、3.6 V 刻度。绿色区域表示电池电量充足，"?"区域表示电池尚能使用，红色区域表示电池电量不足。测量纽扣电池及小容量电池时，可用直流 2.5 V 电压挡（$R_L = 50\ k\Omega$）进行测量。

附录 B VC890D 数字万用表

B.1 概 述

VC890D 数字万用表是一种性能稳定、用电池驱动的高可靠性仪表,可用来测量直流电压和交流电压、直流电流和交流电流、电阻、电容、二极管、三极管、温度等参数。

B.2 安全注意事项

(1)各量程测量时,禁止输入超过量程的极限值。

(2)36 V 以下的电压为安全电压,在测高于 36 V 直流、25 V 交流电压时,要检查表笔是否可靠接触、是否正确连接、是否绝缘良好等,以避免电击。

(3)换功能和量程时,表笔应离开测试点。

(4)选择正确的功能和量程,谨防误操作。

(5)在电池没有装好和后盖没有上紧时,请不要使用此表进行测试工作。

(6)测量电阻时,请勿输入电压。

(7)在更换电池或熔丝前,请将测试表笔从测试点移开,并关闭电源开关。

B.3 特 性

B.3.1 一般特性

(1)测量方式:双积分式 A/D 转换。

(2)采样速率:约 3 次/s。

(3)超量程显示:最高位显示“1”或“ - 1”。

(4)低电压显示:出现“LO”符号。

(5)工作环境:0 ~ 40 ℃,相对湿度 <80% 。

(6)电源:一只 9 V 电池(NEDA1604/6F22 或同等型号)。

B.3.2 技术特性和主要参数

准确度为 ±(a% × 读数 + 绝对误差),其中 a% 为相对误差。保证标称准确度的环境温度为(23 ±5)℃,相对湿度 <75% 。

(1)直流电压挡(DCV)(见表 B-1):

输入阻抗:所有量程为 10 MΩ。

过载保护:200 mV 量程为 250 V 直流或交流峰值;其余为 1 000 V 直流或交流峰值。

表 B-1   直流电压挡指标

量程	准确度	分辨力
200 mV		100 μV
2 V		1 mV
20 V	±(0.5% +3)	10 mV
200 V		100 mV
1 000 V	±(0.8% +10)	1 V

(2)交流电压挡(ACV)(见表 B-2):

表 B-2   交流电压挡指标

量程	准确度	分辨力
2 V		1 mV
20 V	±(0.8% +5)	10 mV
200 V		100 mV
750 V	±(1.2% +10)	1 V

输入阻抗:10 MΩ。

过载保护:1 000 V 直流或交流峰值。

频率响应:200 V 以下量程,40~400 Hz;750 V 量程,40~200 Hz。

显示:正弦波有效值(平均值响应)。

(3)直流电流挡(DCA)(见表 B-3):

最大输入压降:200 mV。

最大输入电流:20 A(测试时间不超过 10 s)。

过载保护:0.2 A/250 V 自恢复熔丝,20 A 量程未设熔丝。

表 B-3   直流电流挡指标

量程	准确度	分辨力
20 μA	±(0.8% +10)	0.01 μA
200 μA	—	0.1 μA
2 mA	±(0.8% +5)	1 μA
20 mA	—	10 μA
200 mA	±(1.2% +8)	100 μA
20 A	±(2.0% +5)	10 mA

(4)交流电流挡(ACA)(见表 B-4):

表 B-4   交流电流挡指标

量程	准确度	分辨力
2 mA	±(1.0% +15)	1 μA
20 mA	—	10 μA
200 mA	±(2.0% +5)	100 μA
20 A	±(3.0% +5)	10 mA

最大测量压降:200 mV。

最大输入电流:20 A(测试时间不超过 10 s)。

过载保护:0.2 A/250 V 自恢复熔丝,20 A 量程未设熔丝。

频率响应:40~200 Hz。

显示:正弦波有效值(平均值响应)。

(5)电阻(Ω)(见表 B-5):

表 B-5　电阻挡指标

量程	准确度	分辨力
200 Ω	±(0.8% +5)	0.1 Ω
2 kΩ		1 Ω
20 kΩ	±(0.8% +3)	10 Ω
200 kΩ		100 Ω
2 MΩ		1 kΩ
20 MΩ	±(1.0% +25)	10 kΩ

开路电压:小于 0.7 V。

过载保护:250 V 直流和交流峰值。

注意:在使用 200 Ω 量程时,应先将表笔短路,测得引线电阻,然后在实测中减去。

警告:为了安全,在电阻挡禁止输入电压。

(6)电容(C)挡(见表 B-6):

过载保护:36 V 直流或交流峰值。

表 B-6　电容挡指标

量程	准确度	分辨力
20 nF	±(2.5% +20)	10 pF
2 μF		1 nF
200 μF	±(5.0% +10)	100 nF

(7)二极管及通断挡(见表 B-7):

表 B-7　二极管及通断挡指标

显示值	测试条件
二极管正向压降	正向直流电流约为 1 mA,反向电压约为 3 V
蜂鸣器发声长响,测试两点阻值小于(70±20)Ω	开路电压约为 3 V

过载保护:250 V 直流或交流峰值。

警告:为了安全,在此挡位禁止输入电压。

(8)三极管挡(见表 B-8):

表 B-8　三极管挡指标

量程	显示范围	测试条件
hFE NPN 或 PNP	0~1 000	基极电流约为 10 μA,U_{ce} 约为 3 V

B.4　使用方法

B.4.1　操作面板(见图 B-1)说明

图 B-1 中数字所指部件含义如下:

1. 液晶显示器

显示仪表测量的数值。

2. 发光二极管

通断检测时报警用。

3. 旋钮开关

用于改变测量功能、量程以及控制开关机。

4. 20 A 电流测试插座

5. 电容、温度、测试附件"－"极及小于 200mA 电流测试插座

6. 电容、温度、测试附件"＋"极插座及公共地

7. 电压、电阻、二极管"＋"极插座

8. 三极管测试座

测试三极管输入口

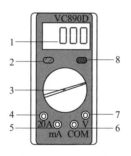

图 B-1　操作面板

B.4.2　直流电压测量

(1)将黑表笔插入 COM 插孔,红表笔插入 VΩ 插孔。

(2)将量程开关转至相应的 DCV 挡上,然后将测试表笔跨接在被测电路上,红表笔所接点电压与极性显示在屏幕上。

注意:

(1)如果事先对被测电压范围没有概念,应将量程开关转到最高挡位,然后根据显示值转至相应挡位上。

(2)如屏幕显示"1",表明已超过量程范围,须将量程开关转至较高挡位上。

B.4.3　交流电压测量

(1)将黑表笔插入 COM 插孔,红表笔插入 VΩ 插孔。

(2)将量程开关转至相应的 ACV 挡上,然后将测试表笔跨接在被测电路上。

注意：

（1）如果事先对被测电压范围没有概念，应将量程开关转到最高挡位，然后根据显示值转至相应挡位上。

（2）如屏幕显示"1"，表明已超过量程范围，须将量程开关转至较高挡位上。

B.4.4　直流电流测量

（1）将黑表笔插入 COM 插孔，红表笔插入 mA 插孔中（最大为 200 mA），或红表笔插入 20A 插孔中（最大为 20 A）。

（2）将量程开关转至相应 DCA 挡上，然后将测试表笔串联接入被测电路中，被测电流值及红色表笔点的电流极性将同时显示在屏幕上。

注意：

（1）如果事先对被测电压范围没有概念，应将量程开关转到最高挡位，然后根据显示值转至相应挡位上。

（2）如屏幕显示"1"，表明已超过量程范围，须将量程开关转至较高挡位上。

（3）在测量 20 A 时要注意，该挡位未设熔丝，连续测量大电流将会使电路发热，影响测量精度甚至损坏仪表。

B.4.5　交流电流测量

（1）将黑表笔插入 COM 插孔，红表笔插入 mA 插孔中（最大为 200 mA），或红表笔插入 20 A 插孔中（最大为 20 A）。

（2）将量程开关转至相应 ACA 挡上，然后将仪表的表笔串联接入被测电路中。

注意：

（1）如果事先对被测电压范围没有概念，应将量程开关转到最高的挡位，然后根据显示值转至相应挡位上。

（2）如屏幕显示"1"，表明已超过量程范围，须将量程开关转至较高挡位上。

（3）在测量 20 A 时要注意，该挡位未设熔丝，连续测量大电流将会使电路发热，影响测量精度甚至损坏仪表。

B.4.6　电阻测量

（1）将黑表笔插入 COM 插孔，红表笔插入 VΩ 插孔。

（2）将量程开关转至相应的电阻挡上，然后将两表笔跨接在被测电阻两端。

注意：

（1）如果电阻值超过所选的量程值，则屏幕会显示"1"，这时应将开关转至较高挡位上；当测量电阻值超过 1 MΩ 以上时，读数需几秒才能稳定，这在测量大电阻时是正常的。

（2）当输入端开路时，则显示过载情形。

（3）在线测量电阻时，要确认被测电阻所有电源已关断及所有电容都已完全放电时，才可进行。

B.4.7　电容测量

（1）将红表笔插入 COM 插孔，黑表笔插入 mA 插孔。

（2）将量程开关转至相应电容挡上，表笔对应极性（注意红表笔极性为"＋"极）接入被测电容。

注意：

（1）如果事先对被测电容范围没有概念,应将量程开关转到最高挡位,然后根据显示值转至相应挡位上。

（2）如屏幕显示"1",表明已超过量程范围,须将量程开关转至较高挡位上。

（3）在测试电容前,屏幕显示值可能尚未回到零,残留读数会逐渐减少,可以不予理会,它不会影响测量的准确度。

（4）大电容挡测量严重漏电或击穿电容时,将显示一些数值且不稳定。

（5）在测试电容容量之前,必须对电容进行充分放电,以防损坏仪表。

B.4.8　二极管及通断测试

（1）将黑表笔插入 COM 插孔,红表笔插入 VΩ 插孔(注意红表笔极性为"＋"极)。

（2）将量程开关转至二极管挡,并将表笔连接到待测试二极管,读数为二极管正向压降的近似值。

（3）将表笔连接到待测线路的两点,如果两点之间电阻值低于约$(70 \pm 20)\Omega$,则内置蜂鸣器发声。

B.4.9　三极管测试

（1）将量程开关至于 h_{FE} 挡。

（2）确定所测三极管为 NPN 或 PNP 型,将发射极,基极、集电极分别插入万用表对应晶体管测试插孔。

B.4.10　自动断电

当仪表停止使用约$(20 \pm 10)\min$后,仪表便自动断电进入休眠状态;若要重新启动电源,须先将量程开关转至 OFF 挡,然后再转至用户需要使用的挡位上,即可重新接通电源。

附录 C   DS1104Z 示波器

C.1   面板说明

DS1104Z 面板布置图如图 C-1 所示,前面板说明见表 C-1。后面板布置图如图 C-2 所示,后面板说明见表 C-2。

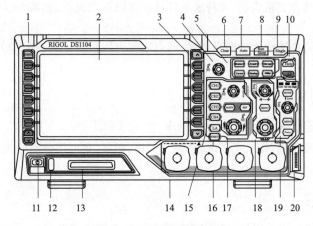

图 C-1   DS1104Z 面板布置图

表 C-1   DS1104Z 前面板说明

编号	说明	编号	说明
1	测量菜单操作键	11	电源键
2	LCD	12	USB Host 接口
3	功能菜单操作键	13	数字通道输入
4	多功能旋钮	14	模拟通道输入
5	常用操作键	15	逻辑分析仪操作键
6	全部清除键	16	信号源操作键
7	波形自动显示	17	垂直控制
8	运行/停止控制键	18	水平控制
9	单次触发控制键	19	触发控制
10	内置帮助/打印键	20	探头补偿信号输出端/接地端

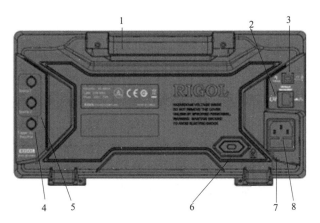

图 C-2　后面板布置图

表 C-2　DS1104Z 后面板说明

编号	说明	编号	说明
1	手柄	5	信号源输出
2	LAN	6	锁孔
3	USB 设备接口	7	熔丝
4	触发输出与通过/失败	8	AC 电源插孔

C.1.1　通道设置区功能按键

CH1、CH2、CH3、CH4:模拟通道设置键。四个通道标签用不同颜色标识,并且屏幕中的波形和通道输入连接器的颜色也与之对应。按下任一按键打开相应通道菜单,再次按下关闭通道。

MATH:按下该键可打开 A + B、A − B、A × B、A/B、FFT、A&&B、A||B、A^B、! A、Intg、Diff、Sqrt、Lg、Ln、Exp、Abs 和 Filter 运算。按下 MATH 键可以打开解码菜单,设置解码选项。

REF:按下该键打开参考波形功能。可将实测波形和参考波形比较。

垂直 POSITION:修改当前通道波形的垂直位移。顺时针转动增大位移,逆时针转动减小位移。修改过程中波形会上下移动,同时屏幕左下角弹出的位移信息(如 POS:216.0mV)实时变化。按下该旋钮,可快速将垂直位移归零。

垂直 SCALE:修改当前通道的垂直挡位。顺时针转动减小挡位,逆时针转动增大挡位。修改过程中波形显示幅度会增大或减小,同时屏幕下方的挡位信息(如 1 − 200mV)实时变化。按下该旋钮,可快速切换垂直挡位调节方式为“粗调”或“微调”。

source 键:按下该键进入信号源设置界面。可打开或关闭后面板 [Source 1] 和 [Source 2] 连接器的输出、设置信号源输出信号的波形及参数、打开或关闭当前信号的状态显示。

C.1.2 水平控制功能按键

(1)水平 POSITION :修改水平位移。转动旋钮时触发点相对屏幕中心左右移动。修改过程中,所有通道的波形左右移动,同时屏幕右上角的水平位移信息(如 D－200.0000000ns)实时变化。按下该旋钮,可快速复位水平位移(或延迟扫描位移)。

(2) MENU :按下该键打开水平控制菜单。可打开或关闭延迟扫描功能,切换不同的时基模式。

(3)水平 SCALE :修改水平时基。顺时针转动减小时基,逆时针转动增大时基。修改过程中,所有通道的波形被扩展或压缩显示,同时屏幕上方的时基信息(如 H 500ns)实时变化。按下该旋钮,可快速切换至延迟扫描状态。

C.1.3 触发控制功能按键

(1) MODE :按下该键切换触发方式为 Auto、Normal 或 Single,当前触发方式对应的状态背光灯会变亮。

(2)触发 LEVEL :修改触发电平。顺时针转动增大电平,逆时针转动减小电平。修改过程中,触发电平线上下移动,同时屏幕左下角的触发电平消息框(如 Trig Level: 428mV)中的值实时变化。按下该旋钮可快速将触发电平恢复至零点。

(3) MENU :按下该键打开触发操作菜单。

(4) FORCE :按下该键将强制产生一个触发信号。

(5) CLEAR :按下该键清除屏幕上所有的波形。如果示波器处于 RUN 状态,则继续显示新波形。

(6) AUTO :按下该键启用波形自动设置功能。示波器将根据输入信号自动调整垂直挡位、水平时基以及触发方式,使波形显示达到最佳状态。

注意:应用波形自动设置功能时,若被测信号为正弦波,要求其频率不小于 41 Hz;

若被测信号为方波,则要求其占空比大于 1% 且幅度不小于 20 mV。如果不满足此参数条件,则波形自动设置功能可能无效,且菜单显示的快速参数测量功能不可用。

(7) RUN/STOP :按下该键"运行"或"停止"波形采样。运行(RUN)状态下,该键黄色背光灯点亮;停止(STOP)状态下,该键红色背光灯点亮。

(8) SINGLE :按下该键将示波器的触发方式设置为 SINGLE。单次触发方式下,按 FORCE 键立即产生一个触发信号。

(9)多功能旋钮:调节波形亮度,非菜单操作时,转动该旋钮可调整波形显示的亮度。亮度可调节范围为 0% ~ 100%。顺时针转动增大波形亮度,逆时针转动减小波形亮度。按下该旋钮,将波形亮度恢复至 60%。

菜单操作时,该旋钮背光灯变亮,按下某个菜单软键后,转动该旋钮可选择该菜单下的子菜单,然后按下该旋钮可选中当前选择的子菜单。该旋钮还可以用于修改参数、输入文件名等。

C.1.4　功能菜单按键

（1）Measure：按下该键进入测量设置菜单。可设置测量信源、打开或关闭频率计、全部测量、统计功能等。按下屏幕左侧的 MENU，可打开 37 种波形参数测量菜单，然后按下相应的菜单软键快速实现"一键"测量，测量结果将出现在屏幕底部。

（2）Acquire：按下该键进入采样设置菜单。可设置示波器的获取方式、Sin(x)/x 和存储深度。

（3）Storage：按下该键进入文件存储和调用界面。可存储的文件类型包括：图像存储、轨迹存储、波形存储、设置存储、CSV 存储和参数存储。支持内、外部存储和磁盘管理。

（4）Cursor：按下该键进入光标测量菜单。示波器提供手动、追踪、自动和 XY 四种光标模式。其中，XY 模式仅在时基模式为"XY"时有效。

（5）Display：按下该键进入显示设置菜单。设置波形显示类型、余辉时间、波形亮度、屏幕网格和网格亮度。

（6）Utility：按下该键进入系统功能设置菜单。设置系统相关功能或参数，例如接口、声音、语言等。此外，还支持一些高级功能，例如通过/失败测试、波形录制等。

（7）打印：按下该键打印屏幕或将屏幕保存到 U 盘中。

①若当前已连接 PictBridge 打印机，并且打印机处于闲置状态，按下该键将执行打印功能。
②若当前未连接打印机，但连接 U 盘，按下该键则将屏幕图形以指定格式保存到 U 盘中。
③同时连接打印机和 U 盘时，打印机优先级较高。
注意：DS1104Z 仅支持 FAT32 格式的 Flash 型 U 盘。

C.2　用户界面

DS1104Z 示波器提供 7.0 英寸（1 英寸 = 2.54 cm）WVGA（800 × 480）TFT LCD，如图 C-3 所示。

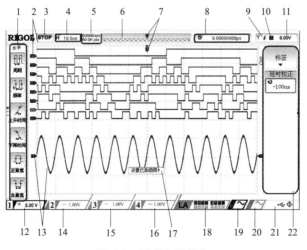

图 C-3　屏幕布局简介

图 C-3 中数字含义说明如下：

1. 自动测量选项

提供 20 种水平(HORIZONTAL)测量参数和 17 种垂直(VERTICAL)测量参数。按下屏幕左侧的软键即可打开相应的测量项。连续按下 MENU 键,可切换水平和垂直测量参数。

2. 数字通道标签/波形

数字波形的逻辑高电平显示为蓝色,逻辑低电平显示为绿色,边沿呈白色。逻辑分析仪功能菜单中的分组设置功能可以将数字通道分为四个通道组,同一通道组的通道标签显示为同一种颜色,不同通道组用不同颜色表示。

3. 运行状态

运行状态包括:RUN(运行)、STOP(停止)、T′D(已触发)、WAIT(等待)和 AUTO(自动)。

4. 水平时基

表示屏幕水平轴上每格所代表的时间长度。使用水平 SCALE 可以修改该参数,可设置范围为 5 ns ~ 50 s。

5. 采样率/存储深度

显示当前示波器使用的采样率以及存储深度。采样率和存储深度会随着水平时基的变化而改变。

6. 波形存储器

提供当前屏幕中的波形在存储器中的位置示意图。

7. 触发位置

显示波形存储器和屏幕中波形的触发位置。

8. 水平位移

使用水平 POSITION 可以调节该参数。按下旋钮时参数自动设置为 0。

9. 触发类型

显示当前选择的触发类型及触发条件设置。选择不同触发类型时显示不同的标识。例如, 表示在"边沿触发"的上升沿处触发。

10. 触发源

显示当前选择的触发源(CH1 ~ CH4、AC 或 D0 ~ D15)。选择不同触发源时,显示不同的标识,并改变触发参数区的颜色。

11. 触发电平

(1)触发信源选择模拟通道时,需要设置合适的触发电平。

(2)屏幕右侧的 T 触发电平标记,右上角为触发电平值。

(3)使用触发 LEVEL 修改触发电平时,触发电平值会随 T 的上下移动而改变。

(4)斜率触发、欠幅脉冲触发和超幅触发时,有两个触发电平标记(T1 和 T2)。

12. CH1 垂直挡位

(1)显示屏幕垂直方向 CH1 每格波形所代表的电压。

(2)按 CH1 选中 CH1 通道后,使用垂直 SCALE 可以修改该参数。

(3)此外还会根据当前的通道设置给出如下标记:通道耦合、带宽限制。

13. 模拟通道标签/波形

不同通道用不同的颜色表示,通道标签和波形的颜色一致。

14. CH2 垂直挡位

（1）显示屏幕垂直方向 CH2 每格波形所代表的电压。

（2）按 CH2 选中 CH2 通道后，使用垂直 SCALE 可以修改该参数。

（3）此外还会根据当前的通道设置给出如下标记：通道耦合、带宽限制。

15. CH3 垂直挡位

（1）显示屏幕垂直方向 CH3 每格波形所代表的电压。

（2）按 CH3 选中 CH3 通道后，使用垂直 SCALE 可以修改该参数。

（3）此外还会根据当前的通道设置给出如下标记：通道耦合、带宽限制。

16. CH4 垂直挡位

（1）显示屏幕垂直方向 CH4 每格波形所代表的电压。

（2）按 CH4 选中 CH4 通道后，使用垂直 SCALE 可以修改该参数。

（3）此外还会根据当前的通道设置给出如下标记：通道耦合、带宽限制。

17. 消息框

显示提示消息。

18. 数字通道状态区

显示 16 个数字通道当前的状态。当前打开的数字通道显示为绿色，当前选中的数字通道突出显示为红色，任何已关闭的数字通道均显示为灰色。

19. 源 1 波形

（1）显示当前源 1 设置中的波形类型。

（2）当源 1 的调制打开时，源 1 波形的下方会显示 M 标识。

（3）当源 1 的阻抗设置为 50 Ω 时，源 1 波形的下方会显示 标识。

（4）仅适用于带有信号源通道的数字示波器。

20. 源 2 波形

（1）显示当前源 2 设置中的波形类型。

（2）当源 2 的调制打开时，源 2 波形的下方会显示 M 标识。

（3）当源 2 的阻抗设置为 50 Ω 时，源 2 波形的下方会显示 标识。

（4）仅适用于带有信号源通道的数字示波器。

21. 通知区域

显示声音图标和 U 盘图标。

（1）声音图标：按 Utility →声音可以打开或关闭声音。声音打开时，该区域显示 ；声音关闭时，显示 。

（2）U 盘图标：当示波器检测到 U 盘时，该区域显示 。

22. 操作菜单

按下任一软键可激活相应的菜单。下面的符号可能显示在菜单中：

表示可以旋转 多功能旋钮 修改参数值。多功能旋钮 的背光灯在参数修改状态下变亮。

表示可以旋转 多功能旋钮 选择所需选项，当前选中的选项显示为蓝色，按下 多功能旋钮 进入所选项对应的菜单栏。带有该符号的菜单被选中后，多功能旋钮 的背光灯长亮。

表示按下 多功能旋钮 将弹出数字键盘，可直接输入所需的参数值。带有该符号的菜单被选中后，多功能旋钮 的背光灯长亮。

◀表示当前菜单有若干选项。

▼表示当前菜单有下一层菜单。

↵按下该键可以返回上一级菜单。

•圆点数表示当前菜单的页数。

附录 D DG822 信号发生器

DG822 信号发生器是一款集函数发生器、任意波形发生器、噪声发生器、脉冲发生器、谐波发生器、模拟/数字调制器、频率计等功能于一身的多功能信号发生器。信号发生器是一种能提供各种频率、波形和输出电平电信号的设备。在测量各种电信系统或电信设备的振幅特性、频率特性、传输特性及其他电参数时,以及测量元器件的特性与参数时,用作测试的信号源或激励源。

D.1 DG822 信号发生器前面板

DG822 信号发生器前面板布局如图 D-1 所示。

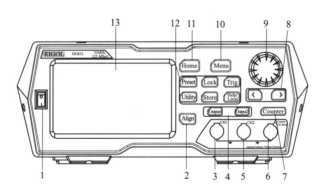

图 D-1 DG822 信号发生器前面板布局

主要设有功能开关、按键、接口和屏幕界面等部分。图 D-1 中数字所指部件功能如下:

1. 电源键

用于开启或关闭信号发生器。

2. Align 键

执行同相位操作。

3. CH1 输出连接器

BNC 连接器,标称输出阻抗为 50 Ω。当 Output1 打开时(背光灯变亮),该连接器以 CH1 当前配置输出波形。

4. 通道控制键

用于控制 CH1 的输出(CH2 控制相同)。

按下该按键,背光灯变亮,打开 CH1 输出。此时,CH1 连接器以当前配置输出信号。再次按下该键,背光灯熄灭,关闭 CH1 输出。

5. CH2 输出连接器

与 CH1 输出连接器功能相同。

6. Counter 测量信号输入连接器

BNC 连接器,输入阻抗为 1 MΩ。用于接收频率计测量的被测信号。注意:为了避免损坏仪器,输入信号的电压范围不得超过 ±2.5 V。

7. 频率计

用于开启或关闭频率计功能。

按下该按键,背光灯变亮并持续闪烁,频率计功能开启。

再次按下该按键,背光灯熄灭,此时,关闭频率计功能。

注意:当打开频率计时,CH2 关闭波形输出;关闭频率计后,CH2 允许波形输出。

8. 方向键

使用旋钮设置参数(按下旋钮可进入编辑模式)时,可用于移动光标以选择需要编辑的位。用于在界面向左或向右定位光标。

9. 旋钮

(1)选择界面中的菜单标签时,用于向下(顺时针)或向上(逆时针)移动光标。

(2)使用旋钮设置参数(按下旋钮可进入编辑模式)时,用于增大(顺时针)或减小(逆时针)当前光标处的数值,再次按下旋钮可确认设置并退出编辑模式。

(3)波形选择(按下右方向键定位光标到界面右侧)时,用于移动光标选择所需的波形,按下旋钮确认选中波形。

(4)存储或读取文件时,用于选择文件保存的位置或用于选择需要读取的文件。按下旋钮可展开当前选中的目录。

(5)通用信息设置(按下右方向键定位光标到界面右侧)时,用于移动光标选择所需的参数,按下旋钮确认选中参数,此时旋转旋钮可修改选项,再次按下旋钮确认修改。

(6)在 Preset 界面,用于选择所需的配置类型,按下旋钮确认选择。此时,在弹出的对话框中可用旋钮选择相应按钮,然后按下旋钮执行相应操作(注意,仅当按钮为绿色时执行按下旋钮操作才有效)。

10. Menu 键

进入波形模式选择界面。

11. Home 键

进入仪器主界面。

12. 功能键

Preset 键:将仪器恢复至预设的状态,最多可设置 10 种。

Lock 键:锁定或解锁仪器的前面板按键和触摸屏。在未锁定状态,按 Lock 键,可锁定前面板按键和触摸屏,此时,除 Lock 键,前面板其他按键以及触摸屏操作无效。再次按下该键,可解除锁定。

Trig 键:用于手动触发。

(1)波形发生器的默认设置是启用内部触发。在这种模式下,当已选定扫描或脉冲串模式时,波形发生器将连续输出波形。此时,按下 Trig 键,仪器将自动触发变为手动触发。

(2)每次按前面板 Trig 键,都会手动触发一次扫描或输出一个脉冲串。

Utility 键:用于设置辅助功能参数和系统参数。

Store 键:可存储或调用仪器状态或者用户编辑的任意波数据。内置一个非易失性存储器（C 盘），并可外接一个 U 盘（D 盘）。

Help/Local 键:获取前面板按键以及当前显示界面的帮助信息。

D.2　DG822信号发生器后面板

DG822 信号发生器后面板布局如图 D-2 所示。

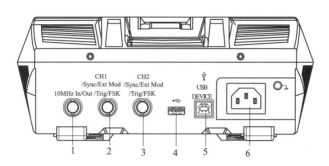

图 D-2　DG822 信号发生器后面板布局

图 D-2 中数字所指部件功能如下:

1. 10 MHz 输入/输出连接器（10 MHz In/Out）

BNC 母头连接器,标称阻抗为 50 Ω,其功能由仪器使用的时钟类型决定。

若仪器使用内部时钟源:该连接器（用作 10 MHz Out）可输出由仪器内部晶振产生的 10 MHz 时钟信号。

若仪器使用外部时钟源:该连接器（用作 10 MHz In）接收一个来自外部的 10 MHz 时钟信号。该连接器通常用于在多台仪器之间建立同步。

2. CH1 同步/外调制/触发连接器（CH1/Sync/Ext Mod/Trig/FSK）

BNC 母头连接器,标称阻抗为 50 Ω,其功能由 CH1 当前的工作模式决定。

Sync:打开 CH1 的输出时,该连接器输出与 CH1 当前配置相匹配的同步信号。

Ext Mod:若 CH1 开启 AM、FM、PM 或 PWM 并且使用外部调制源,该连接器接收一个来自外部的调制信号,输入阻抗为 1 000 Ω。

FSK:若 CH1 开启 ASK、FSK 或 PSK 并且使用外部调制源,该连接器接收一个来自外部的调制信号（可设置该信号的极性）,输入阻抗为 1 000 Ω。

Trig In:若 CH1 开启 Sweep 或 Burst 功能并且使用外部触发源,该连接器接收一个来自外部的触发信号（可设置该信号的极性）。

Trig Out:若 CH1 开启 Burst 功能并且使用内部或手动触发源,该连接器输出具有指定边沿的触发信号。

3. CH2 同步/外调制/触发连接器（CH2/Sync/Ext Mod/Trig/FSK）

BNC 母头连接器,标称阻抗为 50 Ω,其功能由 CH2 当前的工作模式决定。

Sync:打开 CH2 输出时,该连接器输出与 CH2 当前配置相匹配的同步信号。

Ext Mod:若 CH2 开启 AM、FM、PM 或 PWM 且使用外部调制源,该连接器接收一个来自外部的调制信号,输入阻抗为 1 000 Ω。

FSK:若 CH2 开启 ASK、FSK 或 PSK 且使用外部调制源,该连接器接收一个来自外部的调制信号(可设置该信号的极性),输入阻抗为 1 000 Ω。

Trig In:若 CH2 开启 Sweep 或 Burst 功能且使用外部触发源,该连接器接收一个来自外部的触发信号(可设置该信号的极性)。

Trig Out:若 CH2 开启 Burst 功能且使用内部或手动触发源,该连接器输出具有指定边沿的触发信号。

4. USB HOST

支持 FAT32 格式 Flash 型 U 盘、RIGOL TMC 数字示波器、USB-GPIB 模块。

(1)U 盘:读取 U 盘中的波形文件或状态文件,或将当前的仪器状态或编辑的波形数据存储到 U 盘中,也可以将当前屏幕显示的内容以图片格式(∗ . Bmp)保存到 U 盘。

(2)TMC 数字示波器:与符合 TMC 标准的 RIGOL 示波器进行无缝互联,读取并存储示波器中采集到的波形,再无损地重现出来。

(3)USB-GPIB 模块(选配附件):为集成了 USB HOST 接口但未集成 GPIB 接口的 RIGOL 仪器扩展 GPIB 接口。

5. USB DEVICE

用于与计算机连接,通过上位机软件或用户自定义编程对信号发生器进行控制。

6. AC 电源插口

该信号发生器支持的交流电源规格为 100 ~ 127 V,45 ~ 440 Hz 或 100 ~ 240 V,45 ~ 65 Hz,最大输入功率不超过 30 W。电源熔丝:AC 250 V,T4. 0A。

D. 3　信号发生器屏幕界面

信号发生器屏幕界面如图 D-3 所示。

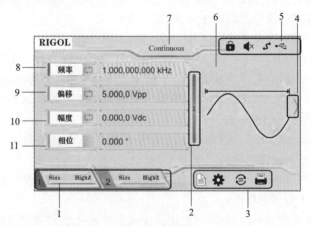

图 D-3　屏幕界面

图 D-3 中数字所指部分含义如下:

1. 通道输出配置状态栏

显示各通道当前的输出配置。注意:可以同时打开两个通道,但不可同时选中两个通道。

2. 上下滑动条

提示用户可上下滑动屏幕,查看或设置参数。

3. 信息设置

打开 Store 界面;打开 Utility 界面;执行通道复制功能;执行屏幕打印操作。

4. 右箭头

提示用户可向右滑动屏幕,切换至波形选择界面。

5. 状态栏

表示前面板按键和屏幕被锁定;表示关闭蜂鸣器;表示仪器处于程控模式;表示使用网线成功将仪器连接至局域网;表示成功连接 U 盘。

6. 波形

显示各通道当前选择的波形。

7. 界面标签

显示当前界面的标签。

8. 频率

显示各通道当前波形的频率。触摸点击相应的 频率 菜单标签右侧的参数输入框,通过弹出的数字键盘修改该参数。也可以使用方向键和旋钮修改该参数。

9. 幅度

显示各通道当前波形的幅度。触摸点击相应的 幅度 菜单标签右侧的参数输入框,通过弹出的数字键盘修改该参数。也可以使用方向键和旋钮修改该参数。

10. 偏移

显示各通道当前波形的直流偏移。触摸点击相应的 偏移 菜单标签右侧的参数输入框,通过弹出的数字键盘修改该参数。也可以使用方向键和旋钮修改该参数。

11. 相位

显示各通道当前波形的相位。触摸点击相应的 相位 菜单标签右侧的参数输入框,通过弹出的数字键盘修改该参数。也可以使用方向键和旋钮修改该参数。

附录 E　DM3058/DM3058E 台式数字万用表

DM3058/DM3058E 是一款 $5\frac{1}{2}$ 位双显数字台式万用表,具有测量直流电流、交流电流、电阻、电容、连通性、二极管、频率或周期、传感器等功能。

E.1　前面板功能简介

前面板如图 E-1 所示,主要部分包括:

信号输入端:接插测量表笔,不同测量功能需要接插不同插孔。

电源按键:打开或关闭电源,为软开关。

USB Host:用于接插 USN 存储器。

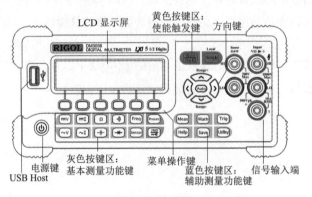

图 E-1　前面板

其余功能按键的功能见表 E-1。

表 E-1　前面板各按键功能

功能	按键	功能	按键	功能	按键
选择量程	Auto ⌃ ⌄	测量直流电压	⎓V	测量交流电压	∼V
选择测量速率	⟨ ⟩	测量直流电流	⎓I	测量电阻	Ω
使用内置帮助系统	Help	测量交流电流	∼I	测量电容	⊣⊢
测量频率或周期	Freq	测试连通性	⋄))	第二功能	2ND

续上表

功能	按键	功能	按键	功能	按键
任意传感器测量	Sensor	预设模式	Preset	使能触发	Run/Hold Single
设置测量参数	Meas	数学运算功能	Math	设置触发参数	Trig
辅助系统功能设置	Utility	存储与调用	Save	检查二极管	⊶

E.2 后面板功能简介

后面板如图 E-2 所示,主要包括:

电源插口:用于插接电源线,电源规格为 AC 220 V。

电力熔丝:电源输入熔丝,用于短路保护,当熔丝熔断,则台式万用表无法通电。

电源开关:用于打开和关闭台式万用表电源,为硬件开关。

交流电压选择器开关:根据所在国家或地区电源标准,调整交流电源电压 115 V(AC 100 ~ 120 V,45 ~ 440 Hz)或 230 V(AC 200 ~ 240 V,45 ~ 60 Hz)。

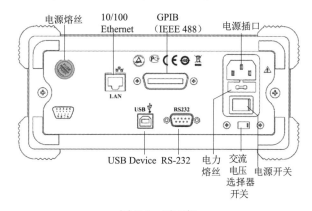

图 E-2 后面板

E.3 屏幕界面菜单

屏幕界面菜单主要部分如图 E-3 所示,界面显示了测量结果、单位、量程、测量参数类型等内容。

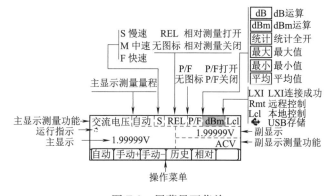

图 E-3 屏幕界面菜单

E.4 选择量程

量程的选择有自动和手动两种方式。万用表可以根据输入信号自动选择合适的量程,而手动选择量程可以获得更高的读数精确度。前面板量程选择键位如图 E-4 所示。

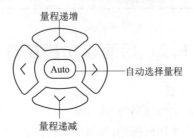

图 E-4 前面板量程选择键位

方法 1:通过前面板的功能键选择量程。

自动量程:按 Auto 键,启用自动量程,禁用手动量程。

手动量程:按向上键,量程递增;按向下键,量程递减。此时禁用自动量程。

方法 2:在测量主界面,使用软键菜单选择量程。

自动量程:按 自动 ,选择自动量程,禁用手动量程。

手动量程:按 手动 + 或 手动 - ,手动设置量程。此时禁用自动量程。

要点说明:

(1)当输入信号超出当前量程范围,万用表提示过载信息"超出量程"。

(2)上电和远程复位后,量程选择默认为自动。

(3)建议用户在无法预知测量范围的情况下,选择自动量程,以保护仪器并获得较为准确的数据。

(4)测试连通性和检查二极管时,量程是固定的。连通性的量程为 2 kΩ,二极管检查的量程为 2.4 V。

E.5 选择测量速率

该万用表可设置三种测量速率:2.5 Hz,20 Hz 和 123 Hz。

2.5 Hz 对应"慢"(Slow)速率,状态栏标识为"S",显示刷新率为 2.5 Hz。

20 Hz 对应"中"(Middle)速率,状态栏标识为"M",显示刷新率为 20 Hz。

123 Hz 对应"快"(Fast)速率,状态栏标识为"F",显示刷新率为 50 Hz。

测量速率可通过面板上的左、右两个方向键控制。按下左键,速率增加一挡;按下右键,速率降低一挡。

要点说明:DCV、ACV、DCI、ACI 和 OHM 功能有三种读数速率可选。读数分辨率和测量速率设置联动:读数速率为 2.5 Hz 时对应 5.5 位读数分辨率;读数速率为 20 Hz 和 123 Hz 时对应 4.5 位读数分辨率;Sensor 固定为 5.5 位读数分辨率,"中"速率或"慢"速率可选;二极管和连通性功能固定为 4.5 位读数分辨率,"快"速率;Freq 功能固定为 5.5 位读数分辨率,"慢"速率;电容测量功能固定为 3.5 位读数分辨率,"慢"速率。

E.6 测量的基本步骤

下面以直流电压为例说明台式数字万用表的测量的基本步骤：

（1）按下前面板的功能键，见表 E-1，进入直流电压测量界面，如图 E-5 所示。

图 E-5 直流电压测量界面

（2）按图 E-6 所示连接测试引线和被测电路，红色测试引线接 Input-HI 端，黑色测试引线接 Input-LO 端。当选择其他测量功能时，接线可参考表 E-2。

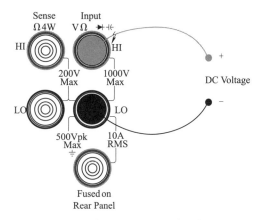

图 E-6 直流电压测量连接示意图

表 E-2 功能选择对应表笔插接

测量直流电压、测量交流电压、测量二线电阻、测量电容、测量连通性、检测二极管、测量交流频率、测量交流周期、任意传感器测量	测量交流电流、测量直流电流、电流型传感器测量
测量四线电阻	

（3）根据测量电路的电压范围,选择合适的电压量程。测量功能与对应量程见表 E-3。

表 E-3　测量功能与对应量程

测量类型	量程
直流电压	200 mV、2 V、20 V、200 V、1 000 V
交流电压	200 mV、2 V、20 V、200 V、750 V
直流电流	200 μA、2 mA、20 mA、200 mA、2 A、10 A
交流电流	20 mA、200 mA、2 A、10 A
四线电阻、二线电阻	200 Ω、2 kΩ、20 kΩ、200 kΩ、2 MΩ、10 MΩ、100 MΩ
电容	2 nF、20 nF、200 nF、2 μF、200 μF、10 000 μF
周期	信号量程:200 mV、2 V、20 V、200 V、750 V。测量范围:1 μs ~ 0.05 s
频率	信号量程:200 mV、2 V、20 V、200 V、750 V。测量范围:20 Hz ~ 1 MHz

（4）设置直流输入阻抗。按 阻抗 键,设置直流输入阻抗值。直流输入阻抗的默认值为 10 MΩ,此参数出厂时已经设置,可直接进行电压测量。

（5）设置相对值(可选操作)。

按 相对 键打开或关闭相对运算功能,相对运算打开时,显示屏上方显示"REL",此时显示的读数为实际测量值减去所设定的相对值。

（6）读取测量值。读取测量结果时,可使用左右方向键选择测量(读数)速率。

（7）查看历史测量数据。按 历史 键,进入图 E-7 所示界面,对本次测量所得数据进行查看或保存处理。

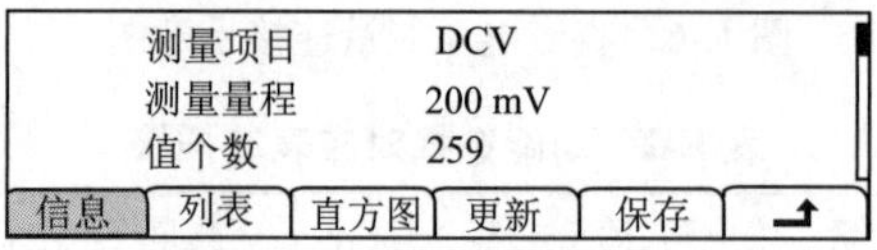

测量项目	DCV
测量量程	200 mV
值个数	259

信息	列表	直方图	更新	保存	↵

图 E-7　历史信息查看界面

可通过 信息 、列表 和 直方图 三种方式,对所测量的历史数据进行查看。查看后可通过 保存 键对历史数据进行保存。按 更新 键,刷新历史信息为当前最新信息。

附录 F　GPS-3303C 型直流稳压电源

GPS-3303C 型直流稳压电源可向外提供三路直流电源输出,两路可调直流电压输出,一路 5 V 固定电压输出。两路可调直流电压输出可工作在独立、并联和串联模式,扩大电压或者扩大电流。

F.1　主要性能指标

(1)前两路电源可以独立输出 0 ～ 30 V 连续可调,最大电流为 3 A;两路串联输出时,最大电压为 60 V,最大电流为 3 A;两路并联输出时,最大电压为 30 V,最大电流为 6 A。第三路为固定输出电压为 5 V,最大电流为 3 A 的直流电源。

(2)主回路变压器的二次侧无中间抽头,所以输出直流电压为 0 ～ 30 V 不分挡。

(3)独立(INDEP)、串联(SERLES)、并联(PARALLEL)。是由一组按钮开关在不同的组合状态下完成的。

根据两个不同值的电压源不能并联,两个不同值的电流源不能串联的原则,在电路设计上,将两路 0 ～ 30 V 直流稳压电源在独立工作时电压(VOLTAGE)、电流(CURRENT)独立可调,并由两个电压表和两个电流表分别指示,在用作串联或并联时,两个电源分为主路电源（MASTER）和从路电源(SLAVE)。

F.2　面板及功能介绍

GPS-3303C 型直流稳压电源前面板如图 F-1 所示。

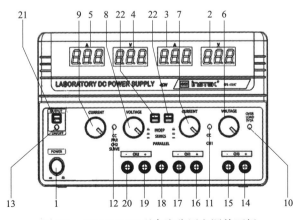

图 F-1　GPS-3303C 型直流稳压电源前面板

图 F-1 中,数字所指部件含义如下:

1. 电源按键

电源开关。

2. 电压显示

显示 CH1 或 CH3 的输出电压。

3. 电流显示

显示 CH1 或 CH3 的输出电流。

4. 电压显示

显示 CH2 的输出电压。

5. 电流显示

显示 CH2 的输出电流。

6. 电压调节旋钮

调整 CH1 输出电压。在并联或串联追踪模式时,用于 CH2 最大输出电压的调整。

7. 电流调节旋钮

调整 CH1 输出电流。在并联模式时,用于 CH2 最大输出电流的调整。

8. 电压调节旋钮

用于独立模式的 CH2 输出电压的调整。

9. 电流调节旋钮

用于 CH2 输出电流的调整。

10. 过载指示灯

当 CH3 输出负载大于额定值时,此灯就会亮。

11. C. V. / C. C. 指示灯

当 CH1 输出在恒压源状态时,或在并联或串联追踪模式,CH1 和 CH2 输出在恒压源状态时,C. V. 灯(绿灯)会亮。当 CH1 输出在恒流源状态时,C. C. 灯(红灯)就会亮。

12. C. V. / C. C. 指示灯

当 CH2 输出在恒压源状态时,C. V. 灯(绿灯)就会亮;在并联追踪模式,CH2 输出在恒流源状态时,C. C. 灯(红灯)就会亮。

13. 输出指示灯

输出开关指示灯。

14. "+"输出端子

CH3 正极输出端子。

15. "−"输出端子

CH3 负极输出端子。

16. "+"输出端子

CH1 正极输出端子。

17. "−"输出端子

CH1 负极输出端子。

18. GND 端子

大地和底座接地端子。

19. "+"输出端子

CH2 正极输出端子。

20. "－"输出端子

CH2 负极输出端子。

21. 输出开关

打开/关闭输出。

22. TRACKING& 追踪模式按键

该功能按键由两个按键完成,两个按键可选 INDEP(独立)、SERIES(串联)或 PARALLEL(并联)的追踪模式。具体请依据以下步骤:

当两个按键都未按下时,是在 INDEP(独立)模式和 CH1、CH2 的输出分别独立。只按下左键,不按右键时,是在 SERIES(串联)追踪模式,在此模式下,CH1、CH2 的输出最大电压完全由 CH1 电压控制(CH2 输出端子电压追踪 CH1 输出端子电压),CH2 输出端子正端(红)则自动与 CH1 输出端子负端(黑)连接,此时 CH1 和 CH2 两个输出端子可提供 0~2 倍的额定电压。两个键同时按下时,是在 PARALLEL(并联)追踪模式。在此模式下,CH1 输出端和 CH2 输出端会并联起来,其最大电压和电流由 CH1 主控电源控制输出。CH1 和 CH2 可各别输出或由 CH1 输出提供 0~1 倍的额定电压和 0~2 倍的额定电流输出。

附录 G　电工技术综合实验台

电工技术综合实验台是完成电工技术实验的实验平台,提供了电工技术实验的各种器件及其接口,平台采用模块化结构,包括电源板、电源控制保护板、电阻电容电感元件板、热继电器板、交流接触器板、白炽灯实验板、按钮实验板、电流测量插孔实验板、交流仪表实验板、荧光灯电路实验板、时间继电器实验板、功率表实验板,以及附属三相异步电动机。这些实验板提供了三相交流电源及其保护,电阻、电容、电感等电路基本元件,白炽灯、荧光灯等负载,电压、电流、功率等交流测量仪表,按钮、热继电器、时间继电器、交流接触器等控制电器、三相异步电动机负载。可完成荧光灯电路功率因数提高,三相电路、正弦交流电路元件参数测量,三相异步电动机继电器-接触器控制等实验。

G.1　面板介绍

实验台面板提供实验插孔与各功能部件连接,采用香蕉头插接线快速接线,连线简单、安全、方便。电工技术综合实验台布局图如图 G-1 所示。图 G-1 中数字所指实验板含义如下:

1. 电源板

电源板是实验台三相四线总电源的输入、输出电路。输入为市电 AC 220 V/380 V 电源,输出的三相四线制交流电源有固定和可调两种模式,该板同时提供了短路、欠电压等保护功能。主要部件包括下述数字①、②等与图 G-1 中标注对应:

①空气断路器:该器件可控制实验台的总电源开关功能,向上为合闸,接通电源;向下为分闸,断开电源。空气断路器除控制电源通断外,还具有短路保护和漏电保护功能。

②三挡电源转换开关:控制电源板输出制式,“0”挡为关闭电源板输出;“380 V 输出”挡,控制输出为线电压 380 V 的三相四线制固定输出;“调压输出”挡,控制输出为三相可调电压输出,此时可以通过图中三相调压器的调节手柄(图 G-1 中数字 16 所指部件)调整三相四线输出电压。

③指示仪表:自左至右四块仪表分别显示 L1-L2、L1-L3、L2-L3、L1-N 之间的电压。

④三相熔断器:用于电源短路保护,如发生电源缺相情况,须检查熔断器有无熔断,有熔断则需更换(更换前,须将空气断路器处于断开位置)。

⑤三相电源指示灯:指示三相电源输出。当有输出时,则该灯会处于点亮状态,否则为熄灭状态。但应注意,当处于“调压输出”时,输出电压较低情况下,指示灯不会被点亮,因此不能以该灯是否点亮用于指示输出是否带电。

⑥输出电源插孔:自上而下四个插孔分别为 L1、L2、L3、N 的三相电源线与中性线输出。

2. 电源控制保护板

电源控制保护板主要采用电子手段为实验电源提供短路保护、接通和断开控制。如果发生短路,则该板发生电子跳闸,并发出报警声音。此时必须重新启动电源,才能恢复正常工作。主要部件包括：

①电源开关：是电源控制保护板电源开关,该板工作前须打开该开关。

②熔断器：为"电源控制保护板"提供短路保护,当该板无法接通电源时,须考虑原因是否为该熔断器熔断。

③启动、停止按钮：按下启动按钮,则控制打开电源,则电源插孔⑥带电;按下停止按钮,则控制断开电源,则电源插孔⑥不带电。

④电源进线插孔：为该板的三相四线电源进行插孔,一般将该插孔与电源板的插孔⑥用U形插头连接。

⑤三相电源指示灯：指示三相电源输出。当有输出时,则该指示灯会处于点亮状态,否则为熄灭状态。但应注意,当处于"调压输出"时,输出电压较低的情况下,该指示灯不会被点亮,因此不能以该指示灯是否点亮用于指示输出是否带电。

⑥输出电源插孔：自上而下四个插孔分别为L1、L2、L3、N的三相电源相线与中性线输出。

3. 电阻电容电感元件板

提供实验的基本电阻、电感、电容元件板。主要部件包括：

①电感元件：提供容量为1 H,额定电流为0.15 A的电感。

②电阻元件：提供阻值为200 Ω,额定功率为300 W的电阻。

③电容元件：提供1 μF、2 μF、4 μF、4 μF四个电容,这四个电容一端连在一起,另外一端可通过四个开关控制并联接入状态,从而控制输出插孔总电容容量。

4. 热继电器板

热继电器板提供一个热继电器的部件连接功能,主要部件包括：

①热继电器实物：可通过上面电流整定旋钮针对负载电流进行电流整定。

②热继电器主触点接线插孔：内部连接热继电器三相发热元件,一侧连接三相电源端,另外一侧连接三相负载。

③热继电器辅助触点接线插孔：连接了热继电器的辅助触点接线端子,一个常开辅助触点,一个常闭辅助触点。

④电源总线进线插孔：是该板的三相四线电源进线插孔,为热继电器等电路提供三相电源。

⑤电源总线出线插孔：是该板的三相四线电源出线插孔,为热继电器等电路提供三相电源。

5. 交流接触器实验板1

交流接触器实验板提供一个交流接触器的部件连接功能,主要部件包括：

①交流接触器实物：提供交流接触器实物,连接端子已连接至下方接线插孔。

②交流接触器线圈插孔：内部连接至交流接触器线圈两端,额定电压为AC 380 V/50 Hz。

③交流接触器主触点插孔：内部连接至交流接触器三相主触点,上面三组插孔内部接至该板三相电源总线,下面三组插孔应外接负载端。

④交流接触器辅助触点插孔：内部连接至交流接触器辅助触点,有两组常开触点、两组常闭触点。

⑤电源总线进线插孔：为该板的三相四线电源进线插孔,为交流接触器等电路提供三相电源。

⑥电源总线出线插孔：为该板的三相四线电源出线插孔。

6. 交流接触器实验板2

与交流接触器实验板1一致。

7. 白炽灯实验板

提供八个白炽灯及其对外连接插孔。

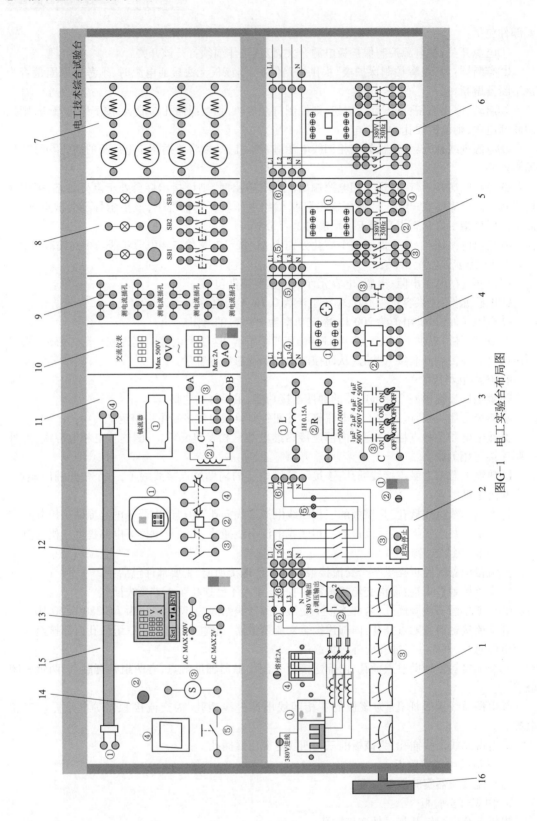

图G-1　电工实验台布局图

8. 按钮实验板

提供三个自恢复按钮及其指示灯、辅助常开触点、辅助常闭触点的对外连接插孔。

9. 电流测量插孔实验板

提供四组电流测量插孔,如图G-2所示。使用时,将电流测量插孔串联接入待测电流支路,当未测量时,将U形插头插入图G-2(a)所示插孔;测量时,需将U形插头去除,将电流表插入图G-2(b)所示插孔。

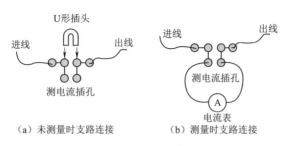

（a）未测量时支路连接　　　（b）测量时支路连接

图 G-2　电流测量插孔

10. 交流仪表实验板

该板提供一个交流电压表和一个交流电流表,测量交流电压、交流电流的有效值,右下角为该实验板的电源开关。

11. 荧光灯电路实验板1

该板提供荧光灯电路相关器件及其连接。

①镇流器实物:荧光灯电路镇流器实物。

②镇流器接线插孔:提供镇流器对外连接插孔。

③电容连接:四个电容,一端公共连接,可通过短路条控制其是否并联,从而决定总电容量。

④荧光灯灯丝插孔:提供荧光灯一端灯丝插孔。

12. 时间继电器实验板

该板提供一个时间继电器及其连接。

①时间继电器实物:可通过面板按钮调节时间继电器延时时间。

②时间继电器线圈:提供时间继电器线圈对外连接插孔。

③时间继电器即时触点:一个瞬时动作的常开触点和一个瞬时动作的常闭触点。

④延时动作触点:一个延时闭合的常开触点和一个延时断开的常闭触点。

13. 功率表实验板

功率表实验板提供了一个数字交流功率综合测量仪表,可以同时测量交流电压、交流电流和交流功率。数字功率表由一个电压测量线圈和一个电流测量线圈构成,连接如图G-3所示,电流线圈应串联在负载回路中,电压线圈应并联在负载两边。电压线圈和电流线圈的"＊"接线端应连接在一起,此时功率表显示负载电压、电流和有功功率等参数。

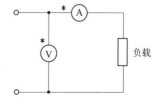

图 G-3　功率表测量接线电路

14. 荧光灯电路实验板2

该实验板是荧光灯实验板1的补充,其中:①是荧光灯一端的灯丝两个接线插孔;②是荧光灯辉光启动器实物;③是荧光灯辉光启动器对外接线插孔;④是开关;⑤是开关接线插孔。

15. 荧光灯管

实验台提供一个荧光灯管,内部两端各有一个灯丝,分别引出两个接线端,分别设置在荧光灯电路实验板 1 和荧光灯电路实验板 2 上。

16. 自耦调压器调节手柄

图 G-1 中 16 是总电源中自耦调压器的调节手柄,通过它可调节自耦调压器的输出电压,顺时针转动为增加电压,逆时针调节为减小电压。

实验台提供了一个三相异步电动机,每相绕组额定电压为 AC 380 V,其接线面板及对应绕组如图 G-4 所示。共向外提供了 11 个插孔,其中 U1、V1、W1 为电动机三相绕组的首端,U2、V2、W2 为电动机三相绕组的末端。当连接市电三线四线电源,即线电压为 AC 380 V 三相电源时,典型连接如图 G-5 所示。三相绕组此时应采用三角形连接,通过 U 形短路条,将 W1-V2、V1-U2、U1-W2 短路,U1、V1、W1 外接三相电源,右上角为接地端子,外接应接电源地线,内部与三相异步电动机外壳连接。

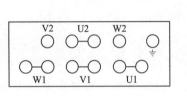 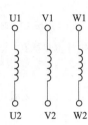 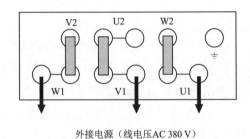

图 G-4 三相异步电动机接线面板及对应绕组 图 G-5 三相异步电动机典型连接

G.2 电工技术综合实验台使用方法

由于电工技术综合实验台使用时电压一般会超过人体安全电压,因此应严格遵守电工技术综合实验台操作流程。操作流程包括:

(1)开机检查。每次电工技术综合实验台使用前,应首先检查外观,观察有无元件破损等情况,如有,应维修后再开机。外观检查正常后,打开电源板空气开关,电源转换开关调至相应挡位,观察仪表电源板仪表显示电压是否正常,如果不正常,应请实验室专职人员维修后再使用。

(2)实验接线。开机检查正常后,即可按照实验电路接线。接线过程中,一定要在断电下进行,断电应将电源板三挡电源转换开关调至"0"挡,关闭电源板输出。接线完成后,应再检查一遍,无误后再进行通电。

(3)实验通电。实验通电顺序:首先将自耦调压器电压调节手柄逆时针旋至底,使输出电压最小。打开电源板空气开关,再将电源板电源转换开关根据需要调至"380 V 输出"或者"调压输出",此时电源板输出端已有电,然后打开电源保护板电源开关,打开启动按钮,电源保护板输出端带电。如果电源板电源转换开关为"调压输出",应将自耦调压器调节手柄缓慢调节,逐渐增加电压。增加电压过程中,观察实验电路反应,如有异常,应立即切断电源,检查异常原因,处理完成后,再次按前面顺序通电。

(4)实验操作。实验操作过程中,严禁人体接触带电金属部位。如果更改线路,应关闭电源进行,严禁带电接线。每次通电,使用调压输出时,应将自耦调压器调至 0 V 输出,加电后逐渐增加电压到目标值。

参考文献

[1] 刘振学,王力.实验设计与数据处理[M].2版.北京:化学工业出版社,2015.

[2] 君兰工作室.电工电子常用仪表使用技能[M].北京:科学出版社,2011.

[3] 娄娟.电工学实验指导书[M].2版.北京:中国电力出版社,2012.

[4] 李立.电工学实验指导[M].北京:高等教育出版社,2005.

[5] 杨治杰.电工学实验教程[M].大连:大连理工大学出版社,2007.

[6] 高艳萍.电工学实验指导[M].北京:中国电力出版社,2017.

[7] 祝燎.电工学实验指导教程[M].天津:天津大学出版社,2016.

[8] 梁红,张效民.信号检测与估值[M].西安:西北工业大学出版社,2011.

[9] 李宝树.电磁测量技术[M].北京:中国电力出版社,2007.

[10] 王强,孙铭明,郑萍,等.科学实验:教学·研究·学习·方法[M].北京:科学出版社,2013.